中国古代门窗

王 俊 著

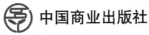
中国商业出版社

图书在版编目（CIP）数据

中国古代门窗 / 王俊著 . -- 北京：中国商业出版社，2022.1

ISBN 978-7-5208-1887-2

Ⅰ . ①中… Ⅱ . ①王… Ⅲ . ①门－建筑艺术史－中国－古代②窗－建筑艺术史－中国－古代 Ⅳ .
① TU-092.2 ② TU228

中国版本图书馆 CIP 数据核字（2021）第 228328 号

责任编辑：陈 皓　常 松

中国商业出版社出版发行

010-63180647　　www.c-cbook.com

（100053　北京广安门内报国寺 1 号）

新华书店经销

三河市吉祥印务有限公司印刷

*

710 毫米 × 1000 毫米　16 开　16 印张　230 千字

2022 年 1 月第 1 版　2022 年 1 月第 1 次印刷

定价：40.00 元

* * * *

《中国传统民俗文化》编委会

序　言

中国是举世闻名的文明古国，在漫长的历史发展过程中，勤劳智慧的中国人创造了丰富多彩、绚丽多姿的文化。这些经过锤炼和沉淀的古代传统文化，凝聚着华夏各族人民的性格、精神和智慧，是中华民族相互认同的标志和纽带，在人类文化的百花园中摇曳生姿，展现着自己独特的风采，对人类文化的多样性发展做出了巨大贡献。中国传统民俗文化内容广博，风格独特，深深地吸引着世界人民的眼光。

正因如此，我们必须按照中央的要求，加强文化建设。2006 年 5 月，时任浙江省委书记的习近平同志就已提出："文化通过传承为社会进步发挥基础作用，文化会促进或制约经济乃至整个社会的发展。"又说，"文化的力量最终可以转化为物质的力量，文化的软实力最终可以转化为经济的硬实力。"（《浙江文化研究工程成果文库总序》）2013 年他去山东考察时，再次强调：中华民族伟大复兴，需要以中华文化发展繁荣为条件。

正因如此，我们应该对中华民族文化进行广阔、全面的检视。我们应该唤醒我们民族的集体记忆，复兴我们民族的伟大精神，发展和繁荣中华民族的优秀文化，为我们民族在强国之路上阔步前行创设先决条件。实现民族文化的复兴，必须传承中华文化的优秀传统。现代的中国人，特别是年轻人，对传统文化十分感兴趣，蕴含感情。但当下也有人对具体典籍、历史事实不甚了解。比如，中国是书法大国，谈起书法，有些人或许只知道些书法大家如王羲之、柳公权等的名字，知道《兰亭集序》是千古书法珍品，仅此而已。再如，我们都知道中国是闻名于世的瓷器大国，中国的瓷器令西方人叹为观止，中国也因此获得了"瓷器之国"（英语 china 的另一义即为瓷器）的美誉。然而关于瓷器的由来、形制的演变、纹饰的演化、烧制等瓷器文化的内涵，就知之甚少了。中国还是武术大国，然而国人的武术知识，或许更多来源于一部部精彩的武侠影视作品，对于真正的武术文化，我们也难以窥其堂奥。我国还是崇尚玉文化的国度，我们的祖先发现了这种"温润而有光泽的美石"，并赋予了这种冰冷的自然物鲜活的生命力和文化性格，如"君子当温润如玉"，女子应"冰清玉洁""守身如玉"；"玉有五德"，即"仁""义""智""勇""洁"；等等。今天，熟悉这些玉文化内涵的国人也为数不多了。

也许正有鉴于此，有忧于此，近年来，已有不少有志之士开始了复兴中国传统文化的努力之路，读经热开始风靡海峡两岸，不少孩童以至成人开始重拾经典，在故纸旧书中品味古人的智慧，发现古文化历久弥新的魅力。电视讲坛里一拨又一拨对古文化的讲述，也吸引着数以万计的人，重新审视古文化的价值。现在放在读者面前的这套"中国传统民俗文化"丛书，也是这一努力的又一体现。我们现在确实应注重研究成果的学术价值和应用价值，充分发挥其认识世界、传承文化、创新理论、资政育人的重要作用。

中国的传统文化内容博大，体系庞杂，该如何下手，如何呈现？这套丛书处理得可谓系统性强，别具匠心。编者分别按物质文化、制度文化、精神文化等方面来分门别类地进行组织编写，例如，在物质文化的层面，就有纺织与印染、中国古代酒具、中国古代农具、中国古代青铜器、中国古代钱币、中国古代木雕、中国古代建筑、中国古代砖瓦、中国古代玉器、中国古代陶器、中国古代漆器、中国古代桥梁等；在精神文化的层面，就有中国古代书法、中国古代绘画、中国古代音乐、中国古代艺术、中国古代篆刻、中国古代家训、中国古代戏曲、中国古代版画等；在制度文化的层面，就有中国古代科举、中国古代官制、中国古代教育、中国古代军队、中国古代法律等。

此外，在历史的发展长河中，中国各行各业还涌现出一大批杰出人物，至今闪耀着夺目的光辉，以启迪后人，示范来者。对此，这套丛书也给予了应有的重视，中国古代名将、中国古代名相、中国古代名帝、中国古代文人、中国古代高僧等，就是这方面的体现。

生活在21世纪的我们，或许对古人的生活颇感兴趣，他们的吃穿住用如何，如何过节，如何安排婚丧嫁娶，如何交通出行，孩子如何玩耍等，这些饶有兴趣的内容，这套"中国传统民俗文化"丛书都有所涉猎。如中国古代婚姻、中国古代丧葬、中国古代节日、中国古代民俗、中国古代礼仪、中国古代饮食、中国古代交通、中国古代家具、中国古代玩具等，这些书籍介绍的都是人们颇感兴趣、平时却无从知晓的内容。

在经济生活的层面，这套丛书安排了中国古代农业、中国古代经济、中国古代贸易、中国古代水利、中国古代赋税等内容，足以勾勒出古代人经济生活的主要内容，让今人得以窥见自己祖先的经济生活情状。

在物质遗存方面，这套丛书则选择了中国古镇、中国古代楼阁、中国古代寺庙、中国古代陵墓、中国古塔、中国古代战场、中国古村落、中国古代宫殿、中国古代城墙等内容。相信读罢这些书，喜欢中国古代物质遗存的读者，已经能掌握这一领域的大多数知识了。

除了上述内容外，其实还有很多难以归类却饶有兴趣的内容，如中国古代乞丐这样的社会史内容，也许有助于我们深入了解这些古代社会底层民众的真实生活情状，走出武侠小说家加诸他们身上的虚幻的丐帮色彩，还原他们的本来面目，加深我们对历史真实性的了解。继承和发扬中华民族几千年创造的优秀文化和民族精神是我们责无旁贷的历史责任。

　　不难看出，单就内容所涵盖的范围广度来说，有物质遗产，有非物质遗产，还有国粹。这套丛书无疑当得起"中国传统文化的百科全书"的美誉。这套丛书还邀约大批相关的专家、教授参与并指导了稿件的编写工作。应当指出的是，这套丛书在写作过程中，既钩稽、爬梳大量古代文化文献典籍，又参照近人与今人的研究成果，将宏观把握与微观考察相结合。在论述、阐释中，既注意重点突出，又着重于论证层次清晰，从多角度、多层面对文化现象与发展加以考察。这套丛书的出版，有助于我们走进古人的世界，了解他们的生活，去回望我们来时的路。学史使人明智，历史的回眸，有助于我们汲取古人的智慧，借历史的明灯，照亮未来的路，为我们中华民族的伟大崛起添砖加瓦。

　　是为序。

傅璇琮

2014 年 2 月 8 日

目　录

上篇　门

下篇　窗

上篇 门

第一章

源远流长:门的历史

第一节 门的历史记载

门是建筑的室内、院落或空间联络外界的出入口,是建筑中不可缺少的部分。有房屋建筑就有门。《论语·雍也》中记载:"孰能出不由户?"南朝梁顾野王《玉篇》说:"门,人所出入也。"说明门户是出入建筑的必经之路。

我国古代关于门的记载十分丰富。"门"最早出现在殷商甲骨文中,甲骨文写作"門",通过观察"門"的构造,可以看到当时门的形态是两根立柱间有两道门扇,立柱上有一根横木。

"门"字散见于早期的一些历史文献中,比如《诗经·陈风》写道:"衡门之下,可以栖迟。"衡门即用两根木柱架住一根横木的门,也有人认为衡门是在茅屋版筑土墙的门洞上放几根横木的门。"衡门之下,可以栖迟"的大意是说,在木做的房屋门之下,也可以游玩和休憩,赞颂了隐者甘贫乐贱、热爱国土的高尚品格。

关于"门"的含义，许慎的《说文解字》及段玉裁的《说文解字注》都进行了详细注释和阐述：一曰"闱"，谓"宫中之门"，指宫中的巷门；二曰"橭"，谓"庙门"，指宗祠之门；三曰"闳"，谓"巷门"，指诸侯中的过道门；四曰"闺"，是"闱"的一种，即宫中的小门；五曰"闾"，谓"里门"，即里巷的门；六曰"阛"，谓"市外门"，即市场的外大门；七曰"闉"，谓"城内重门"，即瓮城的门。

在封建社会，大门是划分等级的标志，是人们身份和地位的象征，从唐宋到明清，历代都对门屋的间架和门扇的颜色、装饰等，有着严格的规定。《逸周书·皇门》曰："维正月庚午，周公格左闳门，会群门。"唐李峤《门》云："奕奕彤闱下，煌煌紫禁隈。""闳""闱"这两种门，均为上层阶级使用的门，门扉都是由木板实拼而成。除却城门、宫门、宅门和庙门等外大门，皇宫里的每一座殿庭，宅院中的墙门，都使用的是木板拼成的实心门。《周易·系辞下传》中说："重门击柝，以待暴客。"所谓"重门"，有两层含义：一指一重一重的门户；一指庄重厚实的门。"击柝"，意为敲梆巡夜。"以待暴客"，是说防御盗贼。这句话显示了门的防范作用。后汉李尤在《门铭》中说道："门之设张，为宅表会。纳善闲（闭）邪，击柝防害。"可见，门不但具有驱邪禳灾的作用，还汇聚了多种文化意识。

穷苦人家的大门则是另一种模样。如《礼记·儒行》记载："筚门圭窬，蓬户瓮牖。""筚门"，即用荆条或竹子编成的门。"圭窬"，指墙上的小门。"蓬户瓮牖"是说以蓬草编门，以破瓮为

窗。这几句话描写了当时底层百姓的一般居所，门窗均是直接在墙上开的洞口，门扉由柴草编成，窗子没有窗扇。又如《诗经·豳风·七月》中说："穹窒熏鼠，塞向墐户。""塞向"，即把朝北的窗户堵住，以免冬天的寒风袭入。"墐户"，即用泥巴涂塞门扇的缝隙。因为柴门透风，所以要在门扇上抹泥来防寒。

"门"往往和"户"相连，"门户"除了指建筑物的大门，还延伸出"家庭""门第""家世""派别"等含义。"门户"虽然常常作为一个词语出现，但事实上"门"和"户"各有其意义。唐释玄应《一切经音义》："按古门与户有别，一扇曰户，两扇曰门；又在堂室曰户，在宅区域曰门。"由此可知"门"和"户"的差别在于，"门"为双扇，"户"为单扇；"门"是古人出入区域的地方，"户"是古人出入堂房的地方。"户"后来引申为"家庭"之意，也指从事某种职业的人，比如"农户""渔户""屠户""猎户"，等等。

门扇按照材质的差异，有不同的名称。《吕氏春秋·仲春纪》："耕者少舍，乃修阖扇。"郑玄注："用木曰阖，用竹苇曰扇。"《尔雅·释宫》："阖谓之扉。"《说文解字》："扇，扉也。"由是可知，"阖""扇""扉"皆为门扇的称呼。

门根据含义、起源、衍化、类别以及功用的不同，可以划分为以下几类：一是牙门，即军营之门。古时行军扎营，主帅或主将营帐前立牙旗（旗杆上饰有兽牙的大旗）以为军门，因此称营门为牙门。二是衙门，即官署之门。如《北齐书·宋世良传》："每日衙门虚寂，无复诉讼者。"三是端门，即正门。如《史记·吕太后本纪》："代王即夕入未央宫，有谒者十人持戟卫端门，曰：'天子在也，足下何为者而入？'"四是谢门，又称仪门、雉门，指建筑物的侧门。如《晋书·刘曜载记》："未央朝寂，谢门旦空。"五是台门，即建在土台上的房屋的门。如《礼记·礼器》记载："天子、诸侯台门，此以高为贵也。"六是掖门，即宫殿正门两旁的小门。《汉书·高后纪》："章从勃请卒千人，入未央宫掖门。"颜师古注："非正门而在两旁，若人之臂掖也。"

第二节 门的起源

门的历史十分悠久，可以追溯到远古时期。

根据考古学家的发现和历史文献记载，我们可以知道原始人类最初居住在天然的洞穴中，自然形状的原始洞口就是最早的门。在和大自然做斗争和适应大自然的过程中，原始人类因地制宜地创造出两种居住形式，即北方干燥地区的穴居方式和南方潮湿地区的巢居方式，穴居式建筑物和巢居式建筑物上供人出入的门洞就是历史上的最早的人工门。

一、穴居式建筑的门

20 世纪 50 年代，考古学家在陕西省西安市半坡村发掘出一处距今6000 多年的原始氏族社会聚落遗址，即半坡遗址。在这个遗址上，分布着一些圆形或方形的半地穴式房屋和地面上的房屋。根据遗址上的柱洞和其他遗存绘制出来的建筑复原图显示，这些房屋都是以木柱、木檩作为构架，房顶和墙壁均以木棍枝条排扎，上铺泥土和草，并在一旁开设通道作为进出之门，不过门的样式已经无从考察。很多房屋出入口的上方都开有窗口，门和窗设置在同一个屋面。门上设窗有利于采光，也有利于通风排烟。而且，门与窗组合在一起，给简朴的早期建筑带来了装饰美，为建筑物单调的外观增加了一些灵气。一些方形的房屋，室内地面下凹，出入口修建一段门道，门道的斜阶与室内地面相连。门道里设有防雨篷架，不仅能够遮雨挡雪，还具有遮蔽居寝的功能。至于圆形的房屋，室内的地面通常比室外要高，入口处的门槛也做得比较高。这种高门槛既能防止雨水灌入，又能减少室外尘土的吹入。目前我国所能看到的最早的门的造型，是陕西省武功县出土的半坡文化时期的圆形无檐陶屋上的一个椭圆形门洞。

二、巢居式建筑的门

那么，巢居式建筑的门是怎样的呢？

通常认为，早期的巢居式建筑就像鸟巢一样，是在树上用树枝搭成居室，后来渐渐演化为由人工木桩支撑的巢居式建筑和现代犹存的干栏式建筑。从距今7000多年的河姆渡文化遗址出土的干栏式建筑构件来看，当时的人们已经能够使用榫卯技术，榫头、卯眼、企口的木构方式，与今天相比并无太大差别，实在令人惊叹。以河姆渡原始居民的工艺水平和对居住条件的要求来看，如果说巢居式建筑没有门，似乎是不可能的，只是由于年代久远，当时实物形态的门已经不存在罢了。

总之，基本上可以肯定的是，在距今7000~5000年，我们的祖先在穴居或者巢居的情况下，已经在居所建筑物上制作了最早的门。

第三节 门的演进

一、夏商周时期

夏商周时期是我国古代建筑的一个大发展时期，在这一阶段开始形成我国古代建筑的某些主要特征。从今天出土的河南殷商宫殿遗址和西周建筑遗址中，能够看到关于门的一些遗存。

殷商早期都城西亳的宫殿遗址（在今河南省偃师二里头）是一座封闭式庭院建筑，在这里发现了很多廊庑、大门以及殿堂檐柱洞。庭院的东面、西面和北面为廊庑，正南位置为大门。大门所在处，9个柱洞一线排开，样子就像牌坊一样。把大门设在南面，符合我国的自然环境条件与建筑和人文的关系，体现出门的设置需要满足人们的主客观要求，对人们的生活有利。此外，在河南省安阳市小屯村殷商后期王都宫殿区遗址中，门的两侧和当门处有持戈执盾的跪葬的人牲，这证明殷商晚期对建筑和门已经有了某种崇拜及看法，门已经具有了保护功能。

周代时期门的样式，可以在一些古器物上的画面中窥见一斑。如在宫室图中可以看到房屋分为两间，每间都设置一座门，门板有两扇。在西周中晚期的青铜鬲（古代煮饭用的炊器，形状如鼎，足部中空）或青铜鼎上也可以看到门的形象。现存于故宫博物

院的西周后期青铜刖刑奴隶守门鬲，正面有两扇可以开闭的方形门扇，侧面分别铸十字棂格窗。门为板门形式，分上下两格。左门上铸有一名受过刖刑（我国古代的一种酷刑，砍去受罚者的左脚、右脚或者双脚）的男性奴隶，其站立在门侧，左手握住门闩。陕西省宝鸡市扶风县出土的青铜刖刑奴隶守门方鼎，上部为方形，下部正面有两扇可以开合的方形门扇，门扇关闭时正面呈"田"字形图案，左门外站立着一名被砍去双脚的男性奴隶，右门上有一个门包，门闩通过奴隶的肚子插向右门上的门包。门扇上设置门闩，显示了当时人们对于门户安全功能的重视和开发。门的左右分别设置卧棂栏杆，反映出当时已经讲究建筑物门前的装饰。门扇上已经出现装饰图案和雕像，并用雕像守卫房门，表现出当时的人们对于门已经有所寄托。此外，陕西省岐山县凤雏村的西周建筑遗址为我们了解当时的门提供了参考。凤雏村的西周建筑遗址是一座完整的四合院式建筑，院门朝南，门前有一座影壁，门洞的旁边设有门房。此处遗址的发现表明西周早期的门已经由单一形式的门发展为门房、门道和影壁为一组系列的多层次大门区，门已经开始成为建筑单体中独立的一员。

二、春秋战国时期

春秋战国时期，门与窗是墙面上常见的建筑构件，它们的设置一方面是出于功能需要，另一方面起到装饰的作用。关于此时建筑物的门，我们可以从一些文献记载中了解一些情况。比如刘敦桢先生在《中国古代建筑史》中说："春秋时期士大夫的住宅，已大体判明住宅前部有门。门是面阔三间的建筑，中央明间为门，左右次间为塾。门内有院，再次为堂。……内堂与门的平面布置，延续到汉朝初期，没有多大改变。"又如《周礼》中记载："天子五门""诸侯三门"。"天子五门"指自南至北的皋门、库门、雉门、应门和路门；"诸侯三门"则指库门、雉门和路门。关于周代都城的形制，《周礼·冬官·考工记·匠人》中这样写道："匠人营国，方九里，旁三门。""国"指的是都城，"旁三门"是说在王城的东西南北四面，每面各设置三座城门，但是此时城门的具体形象却不得而知。

西周"三朝五门"制

西周王城有"三朝五门"之制。"三朝"指外朝、治朝、燕朝，"五门"指皋门、库门、雉门、应门、路门。三朝五门从南至北依次分布在王城的中轴线上。皋门为王城最外面的一道门。应门为王城的正门。库门为祖、社和王宫共有的正门。雉门为王宫的正门，同时是连接外朝和内朝（又称治朝）的重要场所，门前不仅有城门楼，还设双阙。库门和雉门之间的广场称为外朝，这里是举行祖、社大典集会和公布国家大事、重要法令的场所。雉门之后为应门，应门内的广场称为内朝。内朝建有殿堂，供周天子及其大臣商议朝政。王宫后部为周天子和众嫔妃的寝宫，故有后寝之称。路门是王宫最里层的一道门，也是后寝的正门。路门内设东宫、西宫和中宫，中宫前殿称为路寝，是周天子和大臣们平日议事的地方；路门和路寝之间的广场称为燕朝，是周天子和近臣议事的场所。路寝之门又称虎门，门上绘有猛虎形象，用来守卫殿堂和寝宫，这或许是我国最早的门神画。

三、秦汉时期

秦汉时期的官制建筑高大壮观，门窗的功能并不是很发达。不过后世的门制在汉代时已经基本定型。汉代时，宅院大门备受重视，为了表现主人的身份和社会地位，宅门的制作和设计极其讲究。名门望族的府第，外面有正门，由左、中、右三部分构成，屋顶中间高、两侧低，正门位于中央，两侧分别开小门，平常进出只走小门，唯有遇到重大事件需要讲究礼仪的时候，才将正门开启。有的人家还在大门内设置中门，大门左右设置门庑。目前保存下来的汉代建筑门窗实物最早出现在墓葬之中，墓穴、崖墓、石室、阙中都有墓门遗存，比如石门扇和门框，有的门上刻有图案，包括各种鱼、兽、人物浮雕。门的两边有腰枋和余塞板，门扉上设铺首和门环。另外，从汉代出土的各类明器和画像砖、画像石上也能够窥见当时的门制。明器是墓主的随葬器物，其中包含住宅、望楼、楼阁等建筑模型，这些模型显示了当时房屋的大致面貌。从这些随葬品上可以看出，当时的建筑物有着不同样式的门窗，前面设门，门旁、门上或者山墙上设窗，窗为方形或者圆形，并有类似窗棂的形制。此外，画像石中描绘的建筑形象也为我们展现了门窗较为具体的式样，比如双扇门、小方窗等，从中可以看到汉代时的门扇已经开始具有装饰功能。

四、三国两晋南北朝时期

三国两晋南北朝时期是我国历史上动荡不安、朝代更迭频繁的时期，老庄哲学和佛学乘时而起，艺术、建筑、科学等方面取得新的创造和发展。就建筑门窗而言，从文献记载以及实物遗存来看，当时门窗的造型和装饰已经十分丰富，构思更为巧妙，工艺更加精良。此时以夯土墙为围护结构的房屋，门窗一般镶嵌在厚墙之中，门礅上饰有兽面或兽头。汉代画像石中门扇上多雕刻朱雀形象，据文献记载，东晋时建康城的朱雀门上"有两铜雀"，显然是沿袭汉代规制。门上饰朱雀的做法在南北朝时也比较流行，从现存的实物来看，朱雀一般刻在墓室的门楣上或者明间阑额上。南北朝时，门上的装饰除了铺首，还有角页和门钉。《洛阳伽蓝记》中记载："（永宁寺）浮图有四面，面有三户六窗。户皆朱漆，扉上各有五行金钉，其十二门二十四扇，合有五千四百枚，复有金环铺首。"这是门扇上使用门钉的最早记载。在山西省大同市南郊北魏宫殿的遗址中，也可以看到门上饰有鎏金门钉、角页、铺首等诸多物件。

五、隋唐时期

隋唐时期是我国历史上的大一统时期，也是社会经济历经战乱后逐渐恢复并走向成熟和繁荣的时期。大唐兼容并蓄的社会风气和雄浑大气的文化韵味，促使我国古代建筑走向了成熟。唐代建筑不拘泥于旧制，敢于创新，取得了高度发展。这一时期的门窗有实物留存至今，不过数目不是很多，地上建筑除石窟和佛塔外，真正的木构建筑迄今只发现两座，即山西省五台山的南禅寺和佛光寺大殿。两殿的门窗样式相同，均采用板门和直棂窗，板门上饰有铁门钉，既不透光又不透气，只作机关之用。在这一时期的多座佛塔上，以及一些石窟壁画和绘画中可以看到建筑物上多使用板门和直棂窗，由此可以推断这种门窗在当时十分流行。在少数绘画中还能看到另一种门的造型，即将整扇门做成门框，上面安直棂，下面安木板，这可以视为格扇门的雏形。通过唐代的一些诗文还可以了解到一些关于门窗的描绘，知道当时门窗上已经出现网格花纹的装饰，只不过现在已经看不到相关实物罢了。

六、两宋时期

宋代结束了五代十国混乱割据的局面，社会经济和科学技术都得到迅速发展，特别是城市商品经济发达，将建筑艺术成就推向了顶峰。在这一历史时期，江南一带歌舞升平，一派祥和。追求安逸、崇尚风雅的市民阶层，其审美趣味推动了建筑风格从唐代的简练庄重开始向精巧细腻的方向转变。北宋元符三年（1100 年）编成的《营造法式》一书就体现了这一转变。《营造法式》由北宋后期主管工程的将作监少监李诫奉敕编修，旨

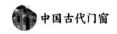

在管理宫室、坛庙、官署和府第等建筑营建工作，书中将门窗列入"小木作制度"部分，详细记载了当时不同类型门窗的制作方法和用材，使门的制作工艺愈加成熟和规范。宋代的建筑实物遗留下来的比较多，佛寺、佛塔、地下陵墓以及绘画等都为我们呈现了当时门的样式。可以看到，除了沿用前代流行的板门和直棂窗外，这一历史时期还大量使用可以自由开启的格子门。

七、辽金元时期

辽、金、元均是少数民族建立的政权，其在保留自身传统习俗的基础上，广泛吸收和继承了中原先进、文明的文化。辽代建筑较多地承继了唐代建筑的风格，建筑物雄壮、简朴，不尚华饰。位于河北省保定涞源县的阁院寺文殊殿是辽代少数留存至今的木构建筑，这座建筑的格门形象地反映了当时门的风采。文殊殿每开间安装四扇格门，格门下半部分装木板，上半部分装斜方格的门格心。金代建筑既具有唐代建筑的风格，又具有宋代建筑的风格，且有所创新。山西省朔州崇福寺弥陀殿是现存较大的金代建筑，其殿前檐有格扇门五间，门上棂花精巧华丽，图案样式丰富，是现存金代格扇门中的精品。元代建筑除蒙古族自身建筑外，仍按旧制持续发展，并无创新。北京居庸关云台是元代一座过街塔的塔基遗址，台中开一个石券门，形状如半个八角形，门道可通车马。券门内顶部刻有精美的浮雕图案，门两旁刻有交叉金刚杵组成的图案，另有龙、象、花、鸟、四大天王等形象，生动逼真，堪称元代雕刻艺术的精品。

知识链接

开 间

开间，是由四根柱子围成的空间，是中国古代建筑空间组成的基本单元。一般迎面的叫面阔，一座建筑物迎面横列 10 根柱子，就是九间；纵深亦叫进深。平面组合中，绝大多数开间是单数，取其吉祥的寓意，又糅合了等级制度，开间越多，等级越高，且以九、五来象征帝王之尊，尤以九为极数。宫殿建筑中，最高级别的单体建筑物多以面阔九间为最大。

八、明清时期

明清时期建筑门窗工艺推陈出新，通过参考相关历史文献，以及保存至今的绘画和版画，可以看到明清时期门的样式繁多，可谓集历史之大成。这一时期的门总结起来依旧可以分为两大类，即不透光的板门和具有透光棂格的格扇门。各类门窗都必须在柱枋间安装上、中、下槛以及抱框和间柱，以确定门窗的尺寸和用来固定门窗扇。这时的官式建筑和民间建筑的门也呈现出不同的风格。官式建筑的门严谨高贵、宏伟壮观，无论是纹样、色彩还是装饰，都显示出皇家的气派。比如清代的宫门、城门和庙门，为了加强建筑气势，多突出门板上使用的门钉，重要的宫门可设九排九列八十一钉，并用兽面饕餮门环。民间建筑的门因自然环境和地域文化的差异呈现出不同的特色，如北京四合院、皖南民居、福建土楼等，其大门形式及做法都表现出相对应的地理特征和文化风貌。此外，民间建筑门面的装饰内容丰富多彩。

民居大门常常刻制出"门对"作为装饰，如"忠孝传家、诗书继世"之类，黑门红对朴素幽雅。在江南地区，为了保护门扇，人们常常在木板上加铁钉或铁皮钉出不同的图案。苏州一带内院砖门楼为了防火，往往在板门内壁加贴一层厚重的方砖。南方的祠堂门和宅院门，喜欢用刻制色彩的门神装饰门扇。

第二章

"门里"乾坤：门的文化内涵

第一节　门的衍生词

《黄帝宅经》中说："宅以门户为冠带，若得如斯，是事严雅，及为上吉。"道出大门具有显示形象的作用。人们借助门表达着自己的思想观念，对门的规格样式、色彩装饰等做出严格的规定。在人们的意识中，门的象征意义似乎比实用价值更为重要，由门衍生出的一系列词汇可以说明这一点，比如"门户"表达了人们想与大自然沟通的愿望，"门面""门脸""门阀""门第""门望""门楣""书香门第""门当户对"等都是社会地位的象征。

"门户"与祭祀有关。古代有五祀之说，所谓五祀，是指祭祀门神、户神、井神、灶神、土地神五种神祇。汉代王充的《论衡·祭意》中记载："五祀报门、户、井、灶、中溜之功。门、户，人所出入；井、灶，人所欲食；中溜，人所托处。五者功钧，故俱祀之。"《礼记·月令》中也

有"祀户祀门"的记
载：孟春之月、仲春之
月、季春之月"祀户"，
孟秋之月、仲秋之月、
季秋之月"祀门"。郑
玄注解说："春阳气出，
祀之于户内阳也。""秋
阴气出，祀之于门外阴
也。"就某种程度来说，

户和门出入口的作用已经被抽象出来，户和门成为一种符号，古人不仅祭
祀这对符号本身，而且借助这对符号的意义，与其他符号搭配组合，表达
一种顺应自然又引导自然的愿望。

祭祀门户的风俗，后来与祭祀门神的习俗融合在一起。《清史稿·礼
志三》记载，岁孟春宫门外祭司户神，孟秋午门西祭司门神。在民间，祭
门户的风俗虽然有所流传，但却是另一种情景。《荆楚岁时记》中记载：
"今州里风俗，望日祭门，先以杨枝插门，随杨枝所指，乃以酒脯饮食及
豆粥插箸而祭之。"春祀户秋祀门，演变为每岁一次，逢正月十五日做一
番表示。

"门面""门脸"在汉语中的特殊意义显示出古人对大门的重视，说
明大门是不可或缺的元素，它不但是建筑的脸面，而且是建筑物主人的脸
面。普通民居只能建造单开间的大门，不能使用多开间的大门。此外，根
据身份地位的差异，对大门的高矮、进深、规模和装饰等都有严格规定，
身份地位的高低通过大门就能直接显现出来。因此，建造和装饰大门只能
在规定的式样范围内进行，不能逾越规制。

"门阀""门第"是封建时代不可小视的社会存在。"门阀"之"阀"，
即阀阅，是仕宦人家大门两侧题记功业的柱子，左边的柱子称为"阀"，
右边的柱子称为"阅"。《玉篇·门部》中有"在左曰阀，在右曰阅"的
记载。阀阅本是标榜功勋的物件，后来与封建等级划分融为一体，于是

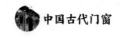

产生了门阀之说。《新唐书·郑肃传》说："仁表累擢起居郎，尝以门阀文章自高。"

"门第"之"第"，指直接面向大街开门，院门直通街衢，平时进出不走里巷之门，这是王公贵族享有的一种特权。朱自清《古诗十九首释》中有："'长衢罗夹巷，王侯多第宅'，罗就是列，《魏王奏事》说：'出不由里门，面大道者，名曰第。'第只在长衢上。"汉代规定列侯公卿食禄万户以上、门当大道的住宅称为"第"，食禄不足万户、出入里巷之门的称为"舍"。门第是一种等级标志。在我国封建时期，男女缔结婚约要讲求门当户对，门第相等才能通婚。门第不等，地位有别，称呼也不一样。比如帝王之家称为"龙门"，王侯之家称为"侯门"，权贵之家称为"权门"，豪富人家称为"朱门"，读书人家称为"儒门"，将帅之家称为"将门"，贫寒之家称为"寒门"，等等。

"门楣"是达官显贵宅邸正门上方门框上部的横木，常常被雕刻或彩画来作为门的一种装饰，既可装点门面，又可显示主人的修养。门楣硕大，则门户壮观。在封建社会，为官入仕是寒门子弟出人头地的重要途径。考取功名后，可以建功立业，为祖先、宗族增添光彩，这就叫作光耀门楣。

在平时人们还习惯用"书香门第""朱门大户""蓬门荜户"等词来形容一户人家的家庭背景。"书香门第"指世代都是读书人的家庭。古代的读书人家，为了防止蠹虫咬食书籍，便把一种叫芸香草的植物放置在书中，芸香草有一股清香之气，夹有这种草的书籍打开之后清香袭人，因此称其香为"书香"。宋代沈括《梦溪笔谈·辨证》描述说："古人藏书辟蠹用芸。芸，香草也，今人谓之七里香者是也。叶类豌豆，作小丛生，其叶极芬香，秋后叶间微白如粉污，辟蠹殊验，南人采置席下，能去蚤虱。""朱门大户"也叫高门大户、朱门彤扉，是对旧时富贵人家的一种称呼。封建时期，富贵人家的大门漆成朱红色，象征着富贵、兴旺。"蓬门荜户"指的是贫寒人家，他们的宅门不起楼，不列戟，门前也没有阀阅，而是就地取材，用蓬草和荆条编织成门。

　　"门当户对"，旧时指男女双方家庭的社会地位和经济状况不相上下，适合结亲。元代王实甫《西厢记》二本一折有云："虽然不是门当户对，也强如陷于贼中。""门当""户对"是古代民居大门建筑的两个重要组成部分，"门当"是大户人家门前精雕细琢的一对石鼓，也叫抱鼓石、门墩；"户对"是门框上方凸出的门簪，因为它位于门户之上，且为双数，有的两个一对，有的四个两对，所以得名"户对"。有"户对"的人家必须设置"门当"，因此"门当""户对"往往合称。古代大户人家财不外露，难以探听家庭情况，在为儿女定亲之前，两家父母通常都会派人暗中去对方家门前观察，通过"门当"上雕刻的纹饰来判断对方家庭所从事的行当，如果石鼓上雕刻的是花卉图案，则说明此人家世代经商；如果石鼓上没有花卉图案，则说明此人家为官宦之家。由此，"门当户对"逐渐演化为男女婚配的重要条件并沿袭至今。

第二节　门的形制与规格

一、门的位置

　　在传统建筑中，门的位置颇有讲究。通常而言，主要的门坐落在主轴线上，且要比其他的门高大开敞，相应地，为凸显其重要性，其形制也比其他门要高一些。而次要的门一般稍偏而设，坐落在次轴线上，或是侧向而设，或坐落在主轴线上，但形制和大小等也按要求降级而定。主轴线上的门按照其所在区域及对应建筑或空间的重要程度而做出相应的分层次的处理，主体建筑和空间前的门更讲究一些，所用形制相对较高。

比如我国传统建筑的代表——北京的城门，在南北中轴线上依次排列着天安门、午门、端门、太和门、乾清门、地安门六重大门。这组大门各具风姿，各有神韵：天安门高大雄壮，午门肃杀凝重，端门秀丽舒展，太和门庄严肃穆，乾清门小巧华丽，地安门简洁朴质。每座门分别对应各自区域建筑不同的功能，并烘托着整个建筑群的气氛。其中，午门和太和门最为典型：午门采用的是古代的阙门形式，平面呈"凹"字形，门楼高大封闭，与传统中国建筑的人性化尺度大不相同。若是立身其中，四壁陡立，给人一种威严、压迫感。太和门宏伟壮观，精美华丽，是故宫内规格最高的门。

在由若干单个建筑组成的建筑群体中，根据布局的要求，门需要和各部分建筑的性质协调一致，并依照次序排布在中轴、次轴之上，其形制等也依次而定。以北京故宫建筑群为例，中轴线的两侧，又有平行的次轴线和若干条辅助轴线，可以清晰地看出其主从位序。随着门的重要性的递减，门的形制规模也在相应地递减，比如用色。中轴线上主要为金色琉璃，次轴线和辅助轴线多为蓝色琉璃，更远处的皇宫以外的民居建筑群主要使用青灰色。门的形制，以太和门为最高，有九开间，而其他较低等级的门往往为三五开间。至于民间建筑，房屋最广只有三五间，门一般为一间，最多不过三间。可以与故宫对应的是另一个例子。在广东梅州、深圳、惠州等地分布着一种独特的客家民居建筑形式，即围龙屋。这种住宅建筑规模庞大，气度不凡，平面布局呈方形，或是前方后圆，由几条平行的轴线控制，各轴分别对外开门，内部横向也有通道相通。空间布局根据轴线位置划定，中为主，边为次，主轴门宇高大、开敞，是屋主日常起居、迎客和举行宴会的场所，边轴分配给子嗣，左右依次为长子、次子，建筑形制与尺度等也依次递减。

总之，门的位置不同，门的形制也各不相同。

二、门的颜色

在我国封建时期，门的颜色是等级的重要标志之一，历代对门色的使用有着严格的规定。先来说朱门。

朱门，即红漆的大门。红色在古代曾是最高贵的色彩，用这种颜色漆的大门只有宫殿庙宇和达官显贵才能使用。朱门在古代曾被纳入"九锡"之列，所谓九锡，即帝王赏赐给有功之臣的九种礼器，即"一锡车马，再锡衣服，三锡虎贲，四锡乐器，五锡纳陛，六锡朱户，七锡弓矢，八锡铁钺，九锡秬鬯，谓之九锡。"（《韩诗外传》）"九锡"之中，"朱户"就是朱门，乃皇帝赐予臣子的朱红色大门，这完全是一种礼遇。留存至今的明清两代宫殿的大门都是朱门，华贵中透着典雅。

黄色之门也很高贵。这种门只有皇家和一些重要建筑才可使用。汉代卫宏《汉旧仪》曰："（丞相）听事阁曰黄阁，不敢洞开朱门，以别于人主，故以黄涂之，谓之黄阁。"官署之门不漆朱红而漆明黄色，以区别于皇帝。

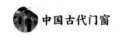

朱红和明黄，根据后世之制，"人主宜黄，人臣宜朱"，清代俞樾《茶香室丛抄》谈及此情况，曰："古今异宜，不可一摄。"

明代初期，朱元璋申明官民第宅之制，对大门的漆色亦有明确规定。据《明会典》记载：洪武二十六年（1368 年）规定，公侯"门屋三间五架，门用金漆及兽面，摆锡环"；一品二品官员，"门屋三间五架，门用绿油及兽面，摆锡环"；三品至五品，"正门三间三架，门用黑油，摆锡环"；六品至九品，"正门一间三架，黑门铁环"。同时规定，"一品官房……其门窗户牖并不许用髹油漆。庶民所居房舍不过三间五架，不许用斗拱及彩色妆饰"。

门漆成青色乃是犯忌，因要避讳"青楼"。原本青楼跟朱门一样是指豪门高户，如《南齐书·东昏侯纪》中说："世祖（齐武帝）兴光楼，上施青漆，世谓之青楼。"但后来"青楼"演变为妓院的雅称，以至正经人家连青色的漆都不用了。

黑色大门在古代十分普遍，是非官宦人家的门色。如东北地区的黑漆大门被称为"黑大门"，是"黑煞神"的象征，具有辟邪的作用。

除了较为常见的黑大门，一般人家常用的就是白板门了，这种门往往不施油漆，或者只是涂刷一层透明清漆，保持木板原来的纹理和色泽。明代唐寅《贫士吟》中写道："白板门扉红槿篱，比邻鹅鸭对妻儿。"这里的"白板门扉"指的就是没有颜色的白板门。

第三节　门的位置与讲究

一、门的位置

在中国人的传统观念里，门处在极其重要的位置，尤其是宅门，它不仅是宅院的构成要素之一，而且根据传统习俗，它还是宅院的脸面和咽喉，是连接建筑内外空间的气道。

在封建社会中，门上接天气，下接地气，同时涉及聚气与散气，因而门的位置的选择与建造，决定着房屋整体布局的成败，也关乎宅院主人的吉凶祸福。诚如清代风水书《阳宅撮要》所言："大门者，合宅之外大门也，最为紧要，宜开本宅之吉方。"所以，门的位置是十分重要的。

门的位置选择，主要是由朝向、方位等决定。

二、门的朝向

门的朝向问题在门刚刚出现时就受到了人们的重视。根据考古学家的发现，在人类营窟而居的远古时代，门通常都是朝南的，这或许是因为我国处于北半球，朝南开门有利于采光保暖。

门的朝向，当然不只是朝南这样纯粹，数千年的文化积累和演变，已经使门的朝向问题变为了复杂的哲学命题。从功能价值到伦理问题，从实用选择到象征意义，门的朝向一直是人们普遍关注的重要议题。

敦煌文献《诸杂推五姓阴阳等宅图经》中记载："南入门为阳宅。"坐北朝南，背阴向阳，由于我国属于温带大陆性季风气候，夏季盛行东南风和西南风，冬季盛行西北风，大门朝向南方，夏季时可纳南来清风，冬季时可把寒冷北风挡在后墙，这本身是顺应天时地利的正确选择，从官式建筑到普通民宅，几乎都是如此。按照风水理论的说法就是"子午向"，民宅一般以北房为正房。

不过坐北朝南，并非正南正北，而且门通常也不设在南北中轴线上，大多开在偏东南方向。

第一，根据民间的说法，正南正北和正东正西是"正子午正卯西"的朝向，这个朝向只有皇宫和庙宇才能取用，普通民宅坐落在"正向"是不吉利的。那么应当如何做呢？比较通行的讲究就是"坎宅巽门"，即主房坐北朝南，宅门辟在东南角；主房坐南朝北，宅门辟在西北角；主房坐东朝西，宅门辟在西南角。

第二，选择南北向时，不选正南方而是稍稍偏东，这称为"抢阳"。

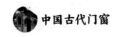

意思是让阳光尽早照进门窗，表现出一种合理而积极的现实态度。

第三，一座坐北朝南的民宅，宅门不设在南墙正中，而是开在偏东南位置，可以避免大门正对堂屋，减去许多不便。假若院门和堂屋门无法错开，就要建造一座照壁遮挡开。

1. 东门

我国古代以东向为尊。这种对"东向"之位的尊崇源于先民对太阳的崇拜以及朝日的风俗。《周礼·天官·掌次》中说："朝日，祀五帝，则张大次、小次，设重帝、重案。"郑玄注："朝日，春分拜日于东门之外。"意思是出城东门，面向太阳升起的方向朝拜太阳神。这种古老的习俗现在仍然有遗迹可寻，如建于辽代的北京西山大觉寺坐西朝东，山门朝向东方。宋代欧阳修《新五代史·四夷附录》记载："契丹好鬼而贵日，每月朔里，东向而拜日，其大会聚、视国事，皆以东向为尊，四楼门屋皆东向。"尊崇太阳，朝东拜日，以东为尊。"门屋皆东向"意为全部面东开门，迎向旭日升起的方向。此外，如果东门遭到损坏，将被视为不祥的表现。东门自毁，常常被认为是王朝衰微的象征。

2. 西门

古人有"春分朝日，秋分夕月"之说。"夕月"，就是夜晚祭月拜月。《明史》中记载："惟春分朝之于东门外，秋分夕之于西门外者，祀之正与常也。"日月对应，日为阳，在东，朝日东门外；月为阴，在西，祭月西门外。

3. 南门

南门地位的重要性自不待言，四面之门中，南门为正门，最为尊贵。古代帝王面南而治，南城门是城的正门。南门大开，了无遮挡，大概就是所谓"不利其主"吧。在五行学说看来，城南门还是关乎阴晴雨雪之门。古代每逢干旱之时，要关闭南城门，因为五行之中南方属于火，关闭南门代表着阻隔火气。关上南门的时候要把北门打开，因为北方属于水，敞开北门，可以壮大水气。假若久雨水涝，就要打开南门，关闭北门。据《旧唐书·五行志》记载，唐文宗开成二年（837 年）京都长安曾发生大旱，"徙市，闭坊南门"。

4. 北门

古人定五行五方五色，南为火，对应红色，象征蓬勃腾达；北为水，对应黑色，代表寒冷肃杀。开北门"肃杀就阴"。此外，四象之中北方为龟蛇神，名为玄武—屈原《远游》篇有句曰"召玄武而奔属"，洪兴祖注："玄武，谓龟蛇。位在北方，故曰玄。身有鳞甲，故曰武。"于是，玄武主兵，而玄武门一般为北门，这就把北门和征伐关涉了起来。《淮南子·卷十五》记载："乃爪鬋，设明衣也，凿凶门而出；乘将军车，载旌旗斧

钺，累若不胜；其临敌决战，不顾必死，无有二心。"因北门主兵，古时出兵作战，举行出征仪式后，便"凿凶门而出"，以示必死的决心。这一说法延续了千年之久，影响了清代对京城城门的设置。当时的北京城北面有德胜门和安定门两座城门，出征时走德胜门，凯旋时进安定门。

第四节　门联和匾额

一、门联

门联又叫"对联""楹联""门对""对子"，是用民间艺术形式表达传统文化的重要载体。和门神一样，门联也是由桃符演化而来，内容一般为

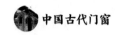

祈福求富，表达对人生的期许和对生活的追求。门联不仅有文化内涵，还有形式之美，是美化门庭、增加节日喜庆气氛的一种重要习俗，为人们所喜闻乐见的。

门联的起源可以追溯到五代时期，《宋史·蜀世家》记载："孟昶每岁除，命学士为词，题桃符，置寝门左右。末年，辛寅逊撰词，昶以其非工，自命笔云：'新年纳余庆，嘉节号长春。'"所谓"题桃符"，就是在桃木板上书写对联。宋代以后，民间贴门联已经相当普遍，《东京梦华录·十二月》载："近岁节，市井皆印卖门神、钟馗、桃板、桃符，及财门钝驴，回头鹿马，天行帖子。"明清时期，门联已经十分流行，尤其是清代，门联佳作层出不穷，门联的思想性和艺术性都达到很高水平。

门联根据内容的不同，大体有春联、婚联、寿联、挽联、杂联等种类；按照使用位置的差别，可分为门心、框对、横批、春条、斗斤等，其中门心贴在门板上部中心位置，框对贴在两个门框上，横批贴在门楣的横木上，春条根据具体内容贴在相应的位置，斗斤一般贴在影壁上。

春联是专门在春节时粘贴的对联，时效性较强，它以辞旧迎新言明志向，展望未来，主要内容是求财、求福、求安乐。如"岁岁平安日，年年如意春""爆竹声声辞旧岁，红梅朵朵迎新春""生意兴隆通四海，财源茂盛达三江"，等等。门联最初题写在桃木板上，后来改写在纸上。桃木的颜色为红色，红色象征着吉祥，并具有驱邪的作用，因此春联一般在红纸上书写黑色大字，显得十分喜庆。现在通常在大红纸上印金字，不仅显得喜庆，还显得富贵。不过，在古代如果家里有丧事，就要将大门上的红门联取下来，换成白纸写的挽联，丧事后的第一年用白纸，第二年用绿纸，第三年用黄纸，等到第四年服丧期满才可以恢复用红纸，这种白绿黄三色对联在民间称为"孝联""孝春联"，也叫作"丁忧联"。有的地方第一年贴黄对联，第二年贴蓝对联，第三年贴绿对联。也有的地方干脆三年都不贴对联，以示哀思。如果服丧期贴门联，则门联的内容相应地做出更改，常见的有："慈竹临风空有影，晚萱经雨不留芳""思亲腊尽情无尽，望父春归人未归"，等等。

门联是根据古代骈文衍生出来的一种新文体，同时也借鉴了传统诗歌的形式。它最突出的特点就是形式上成双成对，两联彼此相"对"，内容相互照应，联系密切。一副对联的上下联须满足最基本的条件：第一，上下联字数要相等，如"民安国泰逢盛世，风调雨顺颂华年"，每联均为七个字。第二，上下联词组要相同，词性要相当。具体来说，就是组成上联的各个词组分别是几个字，下联的对应词组也要分别是几个字。词性就是词的类别性质，包括动词、名词、虚词、形容词等，上下联同一位置的词或词组应当具有相同或相近的词性。这样规定主要是为了用对称的艺术语言，更好地表现思想内容。如"醉听初夏晨雨，惊看末明晚清"。第三，上下联对应语句的语法结构应当尽量一致。第四，上下联平仄要协调。

横批，又叫横披、横额、横幅、横联。除寿联和挽联以外，门联基本上都要用横批。横批与对联内容有着密切联系。好的横批具有锦上添花的作用，也就是说，一句横批是一副对联的主题，甚至是点睛之笔。横批一般为四个字，旧时写横批是从右往左横写，现在一般是从左往右写，从右往左写当属正式写法。横批应当贴在门楣正中央，其字体风格要同上下联相一致，上下呼应。

门联张贴在门左右侧的门框柱上，旧时门联都是直写竖贴，由上而下，上联张贴在右手边（门的左边），下联张贴在左手边（门的右边），横批也是由右向左读的。由于现代横式书写格式发生改变，改为由左向右，所以门联也可以上联贴在左手边，下联贴在右手边，横批从左到右书写，适合人们的阅读习惯。不过这两种门联张贴方法不能混合使用，上下联不能贴反，不可颠倒。

二、匾额

形式多样的匾额是我国传统建筑的一大特色。在古代中国，匾特指悬挂在楼阁和厅堂上的题匾，额专指镶嵌在宅院门额上的匾，不过今天已经

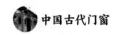

不做区分，而是一律称为匾额了。

匾额是中国古典建筑和文化完美融合的典范。匾额的书法和名号包含着丰富的政治、经济、文化信息，为建筑物赋予了独特的意蕴。

从匾额的形式来看，匾额的字体多种多样，既有楷书、草书，又有隶书、篆书；匾额的色彩也极为丰富，蓝地、紫地、黄地、绿地、黑地，分别涂金色、银色、蓝色、绿色大字，看起来庄重而美观；书写的内容也是多种多样，有绘景抒情的、歌功颂德的，还有表达志向的，不一而足；有的匾额不仅题字，还会雕图，使表现的内容更为丰富，有强烈的艺术表现力。匾额的形状，在唐代以前多为竖匾，宋代以后主要是横匾，也有形式较灵活的匾额，如形似书页的册页额，状如书卷的手卷额，形如落叶的秋叶匾。

民居匾额一般是堂号，是用来表示姓氏、发扬祖风的匾额，往往选用与本姓有关的成语或典故刻在匾上，如"百忍遗风""忠厚传家""槐荫启秀""香山遗派"等。也有的直接称为"堂"，比如，"映雪堂"出

自东晋孙康映雪苦读的故事：孙康自幼酷爱学习，但是家境贫寒，没有钱买油点灯夜读，只好在冬夜利用雪的反光读书。由于刻苦攻读，他最终学有所成，官拜御史大夫。后来，孙姓人家便以"映雪"作为堂号，勉励子孙发奋读书。又如，游姓人家"立雪堂"出于宋代程门立雪的故事；山东孟氏兄弟堂号"容恕堂""矜恕堂""慎思堂"多选自孟子言论；周姓人家"爱莲堂"源自宋代名儒周敦颐的《爱莲说》；张姓人家常将"百忍"作为堂号，《旧

唐书》记载："郓州寿张人张公艺，九代同居。北齐时，东安王高永乐诣宅慰抚旌表焉。隋开皇中，大使、邵阳公梁子恭亲慰抚，重表其门。贞观中，特敕吏加旌表。鳞德中，高宗有事泰山，路过郓州，亲幸其宅，问其义由。其人请纸笔，但书百余'忍'字。高宗为之流涕，赐以嫌帛。"王姓人家以"三槐堂"为堂号，《宋史》记载："王旦字子明，大名莘人。……父祐，尚书兵部侍郎，以文章显于汉、周之际，事太祖、太宗为名臣。尝谕杜重威使无反汉，拒卢多逊害赵普之谋，以百口明符彦卿无罪，世多称其阴德。祐手植三槐于庭，曰：'吾之后世，必有为三公者，此其所以志也。'"刘姓人家的堂号是"彭城堂"。彭城即今江苏徐州，这里是刘姓祖先的发祥地。门楣题词："禄阁流光，彭城世德。""禄阁流光"源自西汉经学家刘向的故事。据《拾遗记·后汉》记载："刘向于成帝之末，校书天禄阁，专精覃思。夜有老人，着黄衣，植青藜杖，登阁而进，见向暗中独坐诵书。老父乃吹杖端，烟然，因以见向，说开辟已前。向因受《洪范五行》之文，恐辞说繁广忘之，乃裂裳及绅，以记其言。至曙而去，向请问姓名。云：'我是太一之精，天帝闻金卯之子有博学者，下而观焉。'"宗联："禄阁校书藜焰照十行之简，玄都种树桃花赋千植之诗。"上联说的是刘向，下联讲的是唐代著名诗人刘禹锡。刘禹锡自幼聪颖，十一岁时考中进士，后来又考中博学宏词科，官至监察御史，而且在文学方面取得极高成就。著名作品有游玄都观两首："玄都观里桃千树，种桃道士归何处，尽是刘郎去后栽。前度刘郎今又来。""紫陌红尘佛面来，百由庭中半是苔，无人不道看花回。桃花净尽菜花开。"

有的匾额是功名与荣誉的载体，名曰功名匾。旧县志载："吾邑世家，大门、二门概挂匾额，科第者或题拔贡，或题父子进士、父子乡魁、兄弟拔贡、兄弟同榜，武魁出仕者或题大夫第，影壁则用三台，俱置吻兽，房脊亦置之。"

有的匾额则是表现主人性情风骨、志向抱负的招贴。南宋岳珂《桯史》中记有这样一段文字："孝宗朝尚书郎鹿何年四十余，一日，上章

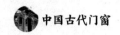

乞致其事。上惊谕宰相，使问其繇，何对曰：'臣无他，顾德不称位，欲稍矫世之不知分者耳。'遂以其语奏，上曰：'姑遂其欲。'……何归，筑堂匾曰'见一'，盖取'人人尽道休官去，林下何尝见一人'之句而反之也。"何尝见？这里便有一例。清代狂士归元恭家中贫困，房门破得合不上，椅子烂到不能坐人，他只好拿绳子把它们捆绑牢固，并在匾额上书写"结绳而治"。在他的自嘲中可见潇洒，但也流露出几分愤世之情。

最常见的牌匾当属商家的字号，尤其是那些老字号堪称真正的金字招牌，有着巨大的吸引力和号召力，是价值无穷、魅力无限的无形资产。如荣宝斋的字画、马聚源的帽子、内联升的鞋子、亨得利的钟表、张一元的茶叶、狗不理的包子等，都是广为人知的老字号。清代朱彭寿曾在《安乐康平室随笔》中对当时著名的店铺字号做了一个归纳："市肆字号，除意主典雅（此类惟文玩、书籍、服饰、药材及酒楼、茗寮之属为然）或别有取义者（如以肆主别号为记之类）不计外，若普通命名，则无论通都僻壤，彼此无不相同。余尝戏为一律以括之云：顺裕兴隆瑞永昌，元亨万利复丰祥；泰和茂盛同乾德，谦吉公仁协鼎光。聚益中通全信义，久恒大美庆安康；新春正合生成广，润发洪源厚福长。"

当然，关于匾额也有许多忌讳，其中最有趣的莫过于"门"字。

清代《坚瓠壬集》引马愈《马氏日抄》："门字两户相向，本地勾踢。宋都临安，玉牒殿灾，延及殿门，宰臣以门字有勾脚带火笔，故招火厄，遂撤额投火中乃息。后书门额者，多不勾脚。我朝南京宫城门额皆朱孔易所书，门字俱无勾脚。"这里认为"门"字带钩招致火灾，所以在门匾上书写"门"时省去勾脚。此外还有一种说法，据《骨董琐记》记载：明代初年，书法家詹希原为宫殿匾额题字时，将"门"字的末笔稍稍勾起。朱元璋见后大发雷霆，认为这是将宫门关闭起来，阻塞了招贤纳才之路，于是命人将詹希原斩杀。但也有传言说当时是有一些特殊情境，所以皇帝才借题发挥。

第五节　门名的文化蕴藉

一、门的命名与方位

我国古代用地支标示方位，这也被门名所包容。比如开封，据《历代宅京记》描述，五代时期后周世宗皇帝柴荣曾为城门命名，门名皆取诸方位：在寅者称"寅宾门"，在辰者称"延春门"，在巳者称"朱明门"，在午者称"景风门"，在未者称"畏景门"，在申者称"迎秋门"，在戌者称"肃政门"，在亥者称"玄德门"，在子者称"长景门"。

上述所列城门名称，关涉地支十项，门名的意义分别和方位、季节、五行色彩等观念相关。比如：亥在北，北色黑，所以称"玄德"；申在西，所以称"迎秋"；寅在东，故"寅宾"具有迎接旭日之意。

十二地支配以十二种动物便是十二生肖。与此有关的门名，有个"铁牛门"，据《永乐大典》记载："铁牛门在府（徽州府）治东北城内。前志双牛冶铁为之。俗传郡无丑山，故象大武以为厌镇。谚云：'丑上无山置铁牛。'自五代林仁肇更筑罗城，旧门关皆改革。今惟一牛存。里人即其地为司土神庙，号铁牛坊云。"十二地支标示方位，子午代表南北向，卯酉代表东西向，丑对应的是东北向。十二生肖中丑属牛。"俗传郡无丑山，故象大武以为厌镇"，"大武"就是牛，这句话是说，在城的东北方向铸造铁牛，以此弥补丑位无山这一风水上的缺憾。城门采录之，于是便有了"铁牛门"。此门名带有鲜明的中国古代文化特色。还有一个甲子门。据屈大均《广东新语》载："甲子门，距海丰二百五十里，为甲子港口，有石六十，应甲子之数。"甲子门的称谓，也颇具中国古代文化特色。

汉代长安东南城门名为霸城门，也叫作青门。据唐代《三辅黄图·都城十二门》记述："民见门色青，名曰青城门，或曰青门。"《汉书·王莽传》中说："天凤三年七月辛酉，霸城门灾，民间所谓青门也。"另见《述异记》："景帝元年，有青雀群飞于霸城门，乃改为青雀门；更修饰刻木为绮寮，雀去，因名青绮门。"霸城门的这几个称谓——青门、青城门、青雀门、青绮门，均含"青"字，究其原因，除了"门色青""青雀群飞"外，还有一个重要因素，就是这是城东面的门。根据五行五方五色的对应关系，东方属木，木色为青，因此称东门为青门。

有些门名虽然没有标明方位，但也是取诸方位的，比如北京城内的崇文门和宣武门。北京内城南面有三座城门，位于中间的是正阳门，东边为崇文门，西边为宣武门。东崇文、西宣武，体现了中国传统文化中的方位观。古人认为，东方属木，主生发，属春，主文事；西方属金，主肃杀，属秋，主武事。这种思想源远流长，对后世具有深刻的影响，以至于对文相武将产生了"关东出相，关西出将"的俗谚。《太平广记》中引用了《续玄怪录》中的一段故事，讲述了唐代开国功臣李靖未被拜相的原因。故事讲李靖在灵山狩猎时遇到鹿群，于是前去追逐，后因天色昏暗迷了路走进龙宫，代龙行雨后，主人要以两奴相赠，说他可以选择一个，也可以把两个都收下。这两奴一个从东廊出来，相貌和善，满脸快乐；一个从西廊出来，满脸愤怒，气呼呼地站在那里。李靖要了从西廊出来的那一个。故事最后写道：李靖"以兵权静寇难，功盖天下，而终不及于相，岂非取奴之不得乎？……向使二奴皆取，即极将相矣"。这个故事很有意思，说李靖若是选择了出自东廊文质彬彬的那一个，又选择了出自西廊武气赳赳的那一个，他的命运就会"文""武"兼备，既能做武将，又能做文臣了。这虽然带着明显的宿命论思想，但故事的构思借助于传统的方位观念，因而不失文化特色。

崇文、宣武两门名，取名于方位，包藏着丰富的文化内涵。

二、"白门"与"鱼门"

古代的城门名，使用什么词汇，规避哪些字眼，常常表现得十分神秘。在《南史·宋本纪下》中记载了关于"白门"的一段故事，可谓具有代表性："宣阳门谓之白门，上以白门不祥，讳之。尚书右丞江谧尝误犯，上变色曰：'白汝家门！'"故事讲，南朝宋明帝统治后期喜好鬼神，多有忌讳。他听见有人称宣阳门为"白门"，认为"白"字不好，便禁止使用这一名称。有一次，尚书右丞江谧不小心触犯忌讳，说了"白门"二字，宋明帝脸色大变，怒斥道："白你家的门！"

据宋代张敦颐《六朝事迹编类》记载，"白门"的称呼并不是源于门色，大概和地名有关。江乘县（在今南京）有白石垒，因地势优越，所以建造城池，名为白下城，城东门亦称为白下。因为城东的白石垒，所以城东门的名字中也带上了"白"字。那位宋明帝谈"白"色变，忌讳言"白"，其实是完全没有必要的。

再说一个"鱼门"的故事。西汉景帝时吴王刘濞联合楚王刘戊、赵王刘遂等诸侯发动叛乱，吴国和楚国是叛变七国中较强的势力。《汉书·五行志》记载："景帝三年十二月，吴二城门自倾，大船自覆。刘向以为近金沴木，木动也。先是，吴王濞以太子死于汉，称疾不朝，阴与楚王戊谋为逆乱。城犹国也，其一门名曰楚门，一门曰鱼门。吴地以船为家，以鱼为食。天戒若曰，与楚所谋，倾国覆家。吴王不寤，正月，与楚俱起兵，身死国亡。"城就像国一样，城门自倾，被说成是上天给予的儆戒。吴王刘濞所居之城有两座城门，一座名为"楚门"，一座叫作"鱼门"。后人有解释说吴国属于水乡，以鱼为食，鱼门就是吴门。根据这个说法，叛乱平息之后，有附会说，上天早已用城门自倾的方式对吴王做出警告，可惜他未能明白"鱼门"就是"吴门"，和楚王一同起兵造反，结果就像那自倾的城门一样身死国灭。

明末清初，李清在《三垣笔记》中讲述了几件所谓征兆之事，最后一件说的是："曹司礼化淳建卢沟桥城，题其一门曰'永昌'，一

门曰'顺治'，即闯贼年号永昌，建州年号顺治之兆。"明朝末年社会动荡不安，多地爆发农民起义，崇祯十七年（1644年）正月，李自成在西安建国，国号"大顺"，年号"永昌"。建州年号顺治，指的是清世祖福临年号顺治，也是在这一年改元。明代的曹化淳建造卢沟桥城时，分别用"永昌"和"顺治"为城门命名。后来发生了李自成进京、清兵入关之事，两者年号恰好和城门名一致。那城门名便被说成谶语，是这些变故的征兆。

类似的话题也在《清种类钞》中提到："京师于元为上都，明与国朝因之。或于正东西三门之命名，作一解云：'曰正阳，曰崇文，曰宣武，皆昔时旧称。而元之亡也，年号至正，则为正门之占验焉。明社之亡，年在崇祯。今者国祚之移，号曰宣统。盖崇祯时以文臣庸暗而亡，宣统时以发难于武人而亡也。'"

北京城内的正阳、崇文、宣武三座城门，正阳门和元末的至正年号，崇文门和明末的崇祯年号，宣武门和清末的宣统年号，都被说成城门名谶，好像元明清三朝的终结早在城门名称中就有预示了。

利用城门名做诡秘文章的，还有春秋时期的吴国。吴王命令伍子胥设计建筑都城，因吴国想要攻破楚国，便给城门取名"破楚门"，此外还有"立蛇门以制敌国"之类，把城郭建设同厌胜迷信融为了一体。

三、改换门名

门额标示门名，门名包含蕴藉。修改门名，常常被视为关系重大的事。

西汉末年，王莽篡夺政权，自立为帝，之后为长安城门更改名称。据《三辅黄图》记述：长安城东面的三座城门，霸城门改为仁寿门无疆亭，清明门改为宣德门布恩亭，宣平门改为春王门正月亭；南面的三座城门，覆盎门改为永清门长茂亭，日安门改为光礼门显乐亭，西安改为信平门诚正亭；西面的三座城门，章城门改为万秋门亿年亭，西直门改为直道门端路亭，雍门改为章义门著义亭；北面的三座城门，洛城门改为进和门临水亭，厨城门改为建子门广世亭，横门改为朔都门左幽亭。王莽更改城门名的独到之处在于"门""亭"合用，"门""亭"所用辞藻相对或者相关，比如"仁寿""无疆"组对，"春王""正月"相应，等等。王莽是一位政治人物，他改动城门名自然不只是为了附庸风雅。他的这番举动乃是"新桃换旧符"，与他改朝换代的行为是互为表里的。

唐王朝也有改门名的故事传世。据《旧唐书》载述，唐代末年将都城由长安迁至洛阳，昭宣帝天祐二年（905年），对洛阳的城门进行了改名："法驾迁都之日，洛京再建之初，虑怀土有类于新丰，权更名以变于旧制。妖星既出于雍分，高闳难效于秦余，宜改旧门之名，以壮卜年之永。延喜门改为宣仁门，重明门改为兴教门，长乐门改为光政门，光范门曰应天门，乾化门曰乾元门，宣政门曰敷政门，宣政殿曰贞观殿，日华门曰左延福门，月华门曰右延福门，万寿门曰万春门，积庆门曰兴善门，含章门曰膺福门，含清门曰延义门，金銮门曰千秋门，延和门曰章善门，保宁殿曰文思殿。其见在门名，有与西京门同名者，并宜复洛京旧门名。"为壮大国运，唐王朝将十四座门改换了名称。结果如何呢？"天祐"年号用到第四年，大唐王朝就被朱温覆灭了。

宋代初年也曾改动门名。据《宋会要》描述，宋太宗太平兴国四年（979年）九月，敕令改京城内外三十二座城门之名，包括宣化门、南薰门等。

《明史·舆服志》中记载了一段奉天门改名的故事。嘉靖三十六年

（1557 年），皇宫三大殿发生火灾，烧毁三殿二楼十五座宫门，皇帝认为殿名"奉天"不宜题写在匾额上，便令礼部议之。礼部官员经过商议，奏报皇帝：开国初年，"名曰奉天者，昭揭以示虔尔。既以名，则是昊天监临，俨然在上，监御之际，坐以视朝，似未安也。今乃修复之始，宜更定，以答天庥"。第二年重修奉天门，改名大朝门。此后，对不少殿、楼、门的匾额名称做了改动。似乎匾额题字"奉天"，上天就果真会接受奉请一样。皇帝上朝之时，头顶上有个老天爷在监视，怎么能够安心听政颁诏呢？有了礼部官员的这番说法，于是就将奉天门改名大朝门。如此一来，皇帝上朝听政就能安心了吧。

　　以上修改门名的行为，讲起理由来都是振振有词。不过真正应该为城门更名的，却是接下来要说的这个故事。但是该改的偏偏没有改，闹出了笑话。事情发生在五代十国时期，当时军阀割据，不少地方节度使纷纷宣布称帝。南汉的刘龑也做了皇帝。他在南郊祭天，大赦境内，改国号为汉，但却忘了将城门楼上的匾额改掉。《南汉世家》记述："刘龑初欲僭号，惮王定保不从，遣定保使荆南，及还，惧其非已，使倪曙劳之，告以建国。定保曰：'建国当有制度，吾入南门，清海军额犹在，四方其不取笑乎！'龑笑曰：'吾备定保久矣，而不思此，宜其讥也！'"刘龑本是五代后梁的清海军节度使，他想自己当皇帝，但又有些心虚，担心手下的王定保不支持自己，就让他去了荆南。等到南汉建立以后，王定保归来，刘龑派遣大臣慰劳他，并告知建国之事。王定保只是淡淡地说："国家虽然建立了，但是南门上还挂着'清海军'的匾额，这不是要被天下取笑吗！"王定保的话不无道理，既然已经改国号为汉，成为一国之主了，城门上依旧挂着"清海军"的门额，成何体统？更何况南门还是正门。

　　城门改名看似简单，直接换个匾额就可以，但其实并不容易改。因为城门名不单单用于称呼城门，它还被纳入地名之中，同地名一样具有相对的稳定性。明代《长安客话》中的一段记录便反映了这种情况："都城九门，正南曰正阳，南之左曰崇文，右曰宣武，北之东曰安定，西曰德胜，东之北曰东直，南曰朝阳，西之北曰西直，南曰阜城。今京师人呼崇文门曰海岱，宣武门曰顺承，朝阳门曰齐化，阜成门曰平则，皆元之旧名，相沿数百年，竟不能改。"大意为明代灭亡元代之后，对北京的城门名进行了改动，比如将"海岱"改为"崇文"，将"顺承"改为"宣武"，等等。但是北京的居民依然习惯称呼元代旧名，相沿几百年而不能改。这便体现了城门名称的稳定性。

第六节　门与传统文化

　　住宅乃人们安身立命之所，在古代，人们非常重视宅院的趋吉辟邪，相应地也涌现了许多辟邪求吉的器物。这一节我们主要来说一说门神。

　　门神即守卫大门、防止鬼怪侵入住宅的神灵。原始社会时期，人类的生产和生活水平极其低下，自然界的风雨雷电、毒虫猛兽，随时威胁着人们的生命安全，人们对这种现象缺乏科学的认知，同时又不能进行有效的防备，于是把所有灾害当作肉眼不可见的鬼怪作祟所致。因此，人们一方面产生了原始的自然崇拜，对天地、山川、日月等进行祭祀；另一方面积极寻找驱除鬼怪的方式、途径。后来，随着生产力的发展，人类走出了蒙昧的状态，结束了穴居和巢居的居住方式，开始在地面上建造房屋，住房的安全便成了人们安居乐业的必要条件。而住房的大门也成了防卫的要点，因为大门不仅供人出入，还要防止鬼怪的侵入，最有效的方法就是能有神人守护，这就是大门上门神产生的社会基础。

　　最早的门神要数神荼和郁垒，传说他们都是黄帝手下专门捉鬼的人。诸多文献都有关于这对门神的描述。比如清代陈彝《握兰轩随笔》中记载："岁旦绘二神贴于门之左右，俗说门神，通名也。盖在左曰神荼，右曰郁垒。"《民斋续说》中说："人家门符，左神荼，右郁垒。张衡赋云，守以

郁垒，神荼副焉。"关于神荼和郁垒的故事，《论衡》中有详细的记载："沧海之中，有度朔之山，上有神大桃木，其屈蟠三千里，其枝间东北曰鬼门，万鬼所出入也。上有二神人，一曰神荼，一曰郁垒，主阅领万鬼。恶害之鬼，执以苇索，而以食虎。于是黄帝乃作礼，以时驱之。立大桃人，门户画神荼、郁垒与虎，悬苇索以御凶。"

神荼和郁垒一开始是用桃木塑成门神的。之所以选择用桃木，是因为桃木是五木之精，"生在鬼门，制百鬼"（《典术》），用桃木制成桃木人可以压邪。后来由于桃木人的雕刻和制作过程复杂，便逐渐演变为用绘画代替雕刻，在桃木板上直接画出神像了，而更为简便的做法，就是在桃木板上书写"神荼""郁垒"四字，悬挂在门上。现在所能看到的神荼和郁垒的最早形象，是安徽亳州董园村二号汉墓出土的一对线刻画像，画像人物皆穿戎装，竖眉怒目，獠牙外露，容貌凶恶，专家指出，这对画像为镇守门户的神荼、郁垒之鼻祖。

除了神荼和郁垒这两位第一代门神，名气最大的门神当数钟馗了，钟馗打鬼、钟馗捉鬼等故事都是人们耳熟能详的。钟馗成为门扇上的常客，始于唐宋时期。据宋代沈括《梦溪补笔谈》记载，唐代画家吴道子画的《钟馗捉鬼图》上有唐代人的题记，内容大体如下：唐玄宗身患疟疾，久治不愈，一天夜里梦见两个鬼。一鬼大，一鬼小。小鬼偷了杨贵妃的紫香囊和唐玄宗的玉笛，绕着大殿奔逃。大鬼捉住了小鬼，把小鬼一口吞了下去。唐玄宗询问大鬼是什么人，大鬼回答说自己是钟馗，发誓为唐王扫除天下妖孽。唐玄宗突然惊醒，疟疾痊愈。随后唐玄宗将画家吴道子召进宫中，把夜来所梦告诉了他。吴道子根据唐玄宗的讲述，画出了钟馗捉鬼图，和唐玄宗所梦极其相似。随后，唐玄宗诏告天下张贴钟馗画像，用以祛邪魅、静妖氛。宋代时秉承前朝，令画工摹刻印制钟馗像，每年春节赏赐群臣，后来在门上张贴钟馗像驱鬼的做法流传到民间，于是钟馗被尊为门神。明代文震亨《长物志·悬画月令》云："十二月宜钟馗迎福，驱魅嫁魅。"

随着时代的发展，门神的形象渐渐发生了改变，从传说中的驱鬼神灵变成了身着戎装的将军，其中最有名、流传最广的是唐代的两位将军——秦琼和尉迟恭。有传说，唐太宗病中梦见邪祟，被搅得身心不宁。秦琼和尉迟恭晚上把守宫门，不让邪祟靠近，唐太宗才得以安睡。念及两位将军辛苦，为不使他们过于劳累，唐太宗命令将两位将军真容绘成图像，贴在门上，以画代人。新门神就这样诞生了。

实际上，将军门神出现的时间要远远早于明代。从目前出土的许多汉墓和宋墓中，都可以看到绘有将军的门神画。不同时期和地域创造出来的将军门神，却是数目众多的，其中就有：赵公明和燃灯道人、孙膑和庞涓、伍子胥和赵云、萧何和韩信、马武和姚期、关羽与关平及周仓、裴元庆和李元霸、孟良和焦赞、岳鄂王和温元帅、徐延昭和杨波，甚至还有女将穆桂英。

除将军门神一类的武士门神外，民间还普遍流行着文官门神。这两种门神所起的作用不相一致，武士门神主要用来驱鬼避邪，文官门神则承载着人们对福寿绵长的期许。这两种门神并存使用，由来已久。北宋画作《岁朝图》是为庆贺"岁朝"（阴历正月初一）所作之图，画面上绘有一座宅院，院墙的大门上张贴着披甲戴盔、手持兵器的武士门神，而院内正厅的两边，则分别画着一个头戴纱帽、身披官袍、手持牙笏的文官门神。由此可见，早在宋代就有了在门上张贴文武门神画像的习俗。

门神中还有一类祈福门神。这类门神的画像，多带有喜庆和吉祥的气息，色彩鲜艳悦目。常见的有："天官赐福""福庆临门""福寿双

全""麒麟送子""金玉满堂""五谷丰登""和合二仙""五子登科"等。其中福神最受人们欢迎，并渐渐由神像演变为简单的"福"字，倒贴在门上，表示"福到之意"。

门神画的张贴，也具有一定的规则，比如武门神贴在宅院的正门上，镇守家门，驱灾避邪；文门神贴在内宅的房门上，祈求好运，寓意吉祥。而后门则常常张贴钟馗或者魏征的画像。

门神由神灵发展到武将，再由武将发展到文官，其形象及表情也发生了变化，从"凶猛"变成"威武"，并进一步变为"和合"之相。这就说明，在门神风俗的流变过程中，人们对神的敬畏之心渐渐弱化，而更加希望门神能够给自己带来好运。其实在现代社会，封建迷信早已被破除，门神演变为一种门面装饰，并成为一种符号和精神寄托。

第七节　门和岁时节令

一、清明门上插柳枝

古时每逢清明节，人们都在自家大门上插柳枝。关于这一习俗，不少地方志中都有记载。不过插柳寓意如何，有关书籍则说法不一。

有说门上插柳与寒食赐火有关。清乾隆三十五年刻本《光州志》记载："清明日，男妇各戴柳枝于首，门、檐、匾并插柳枝。《岁时记》云：以是取柳火之义。一说柳枝可禳火也。"

说到寒食赐火，不能不提寒食禁火的由来。春秋时期，晋国发生内乱，公子重耳为躲避祸害，被迫流亡列国，介子推忠心跟随，并曾在困境中割股肉给重耳充饥。后来重耳回国，登上王位，即晋文公，介子推隐居山林。晋文公赴深山寻找介子推，想要予以封赏，却始终找不到其人。于是晋文公命人放火焚山，欲逼介子推出山，介子推坚决不从，和母亲一起被烧死在柳树下。晋文公悲痛万分，为纪念这位忠臣义士，下令每年在介子推被烧死的这一天禁止用火，要吃冷食，为后世留下了寒食节。此节在清明节前一两日，随着时间的推移，渐渐与清明节合二为一。据《唐会要·休假》明确记载："大历十三年二月十五日敕：自今以后，寒食通清明，休假五日。至贞元六年三月九日敕：寒食清明，宜准元日节，前后各给三天。"

寒食赐火则是唐宋时的风俗。唐宋时期，每年寒食禁火后，在清明节这一天，皇帝都取柳火赐给近臣、戚里。如《宋朝事实类苑·卷三十二》记载："周礼，四时变国火，谓春取榆柳之火，夏取枣杏之火……而唐时惟清明以榆柳之火以赐近臣戚里。本朝因之，惟赐辅臣、戚里、帅臣、节察三司使、知开封府、枢密直学士、中使，皆得厚赐，非常赐例也。"

皇帝赐火，唐代时只针对少数贵族。到了宋代，赐火对象的范围虽然有所扩大，但赐火依然是皇恩的一种象征，寻常人是想也不敢想的。受赐者以此点火，之后，把柳条插在门楣上，以示荣耀。后来，没有得到赐火的人家在清明节也在大门上插柳，似乎是要分享皇帝赐火的荣耀一样。就这样，清明节门上插柳的习俗渐渐形成了。

在有些地方，清明插柳则是为了纪念介子推，如河南《阳武县志》记载："清明节，各神位及主前均供柳；并插门上，曰为介子推招魂也。"

关于清明插柳还有一个流行的观点，即插柳是为了辟邪。柳枝辟邪是一种古老的说法。古人认为柳为"鬼怖木",具有驱邪逐鬼的作用。早在南北朝时,民间就出现了门前插柳的风俗。如北魏贾思勰《齐民要术》中说:"正月旦,取柳枝著门户上,百鬼不入家。"在古代社会,清明一直被视为鬼节,人们为了防止受到鬼怪侵扰,常常用柳枝插在门上来驱鬼。如宋代吴自牧《梦粱录》记载:"清明节,家家以御柳插门上。"天一阁藏明代《建昌府志》中写道:"清明,是日插柳于门,人簪一嫩柳,谓能辟邪。"又见清乾隆年间《曲阜县志》中记载:"祀清明,插柳于门外,辟不祥。"

还有一种说法是清明插柳可以驱蛇虫。如河北《怀来县志》中记载:"折柳枝插门,谓可避蛇虫。"又如浙江《临海县志》写道:"清明插柳于门,或簪之,谓之驱'香九娘',盖指蝥虫云。"

清明门上插柳枝,又是迎接燕子归来的意思。燕子属于候鸟,秋天的时候从北方迁徙到南方,春回大地时则从南方回归北方。因此,迎燕说只存在于北方。河北《滦州志》记载:"以面为燕,著于柳枝插户,以迎元鸟。"《乐亭县志》书:"插柳枝于户,以迎元鸟。"这里的"元鸟"就是指燕子。

二、立夏的门饰

立夏是二十四节气中的第七个节气,夏季的第一个节气,时间在每年农历四五月。《历书》:"斗指东南,维为立夏,万物至此皆长大,故名立夏也。"立夏标志着春季的结束、夏季的开始。

在步入夏季的时候,云南民俗讲究厌祟避蛇。清乾隆年间《云南通志》描述,四月立夏之日,"插皂荚枝、红花于户,以厌祟;围灰墙脚以避蛇"。

四月避蛇的说法同十二地支巳属蛇有关,地支纪月,四月为巳。立夏厌祟,门上插皂荚树枝与红花,寓意黑、红既济。根据五行看,黑属水,红属火。这是希望通过两者相互制约,达到一种平衡状态。同时,在古代人们常用皂荚去污,并用皂荚入药,认为它能够杀虫散结。将皂荚作为厌祟之物,也是为了除秽驱邪。旧俗五月在门上悬挂皂荚,因皂荚形状似刀，称为"悬刀"，据说有辟邪之效。

清光绪《浪穹县志略》记载了云南大理一带的立夏风俗："立夏，插白杨于门，以灰洒房屋周围，名曰'灰城'，以避虺毒。"大意是说，立夏日门上不插皂荚，而在门前插白杨。

"四月八，毛虫瞎"，这是立夏前后流传于福建某些地区的俗谚。民国年间出版的《政和县志》提到："人家每户书'四月八，毛虫瞎'六字逢门张贴，以禁毛蛸虫。"意思是说在门扇上张贴这样的字条，希望可以避虫害。

在浙江，清雍正增刻本《青田县志》说："立夏日，各做面糍、稻饼，取其坚韧砺齿，谓之'扛夏'。忌坐门限，言能令人脚骭酸软。"意思是立夏这天，禁止坐在门槛上，否则将脚骨酸痛。

忌坐门槛的说法在多地都有流传。《太湖县志》记载："立夏日，取笋苋为羹，相戒毋坐门限，毋昼寝，谓愁夏多倦病也。"《宁国县志》记载："俗传立夏坐门限，则一年精神不振。"说立夏这天坐门槛，夏天里会疲倦多病，甚至全年精神萎靡。

三、端午节的门饰

端午节也叫端阳、重午，是我国古来有之的重要节日。

在古代，人们认为五月不祥，所以称农历五月为"恶五月""毒五月"。正月建寅，排到五月，地支为午。午属阳之火，被古代的阴阳学家视为阳之极；端午是午月的第五日，这一天的干支虽然不一定是午，但人们依然习惯称为"重午"——双午重合，是一年中阳气最盛的时刻。古代

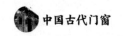

哲学讲究阴阳和谐，认为阴阳失衡便是不好。双午为火旺之相，过旺则为毒，要禳解。同时，古人认为阳气旺盛之时也代表着"阴气萌作"。由这种参悟天地的思想，衍生出了流传久远的门饰风俗。

《后汉书·礼仪志》中记载："仲夏之月，万物方盛。日夏至，阴气萌作，恐物不茂。其礼：以朱索连荤菜，弥牟[朴]蛊钟。以桃印长六寸，方三寸，五色书文如法，以施门户。代以所尚为饰。夏后氏金行，作苇茭，言气交也。殷人水德，以螺首，慎其闭塞，使如螺也。周人木德，以桃为更，言气相更也。汉兼用之，故以五月五日，朱索五色印为门饰，以难止恶气。"

仲夏五月，饰门户以驱邪，这种风俗虽然历经流变，但门上挂朱索的做法却一直未变。明代夏完淳《端午赋》中写道："地腊谁传，方舟不渡，今年之朱索空缠，去岁之赤符已破。"门上画符咒，乃是汉代以后出现的风俗。

端午节的辟邪习俗，追根溯源，与"午为阳极"有着密切关系。对此的直观感触，就是随夏季而来的暑热。端午节俗的一些内容，反映了对夏季卫生防疫的重视。端午节门饰一般为植物，其中药草的使用就体现了这一点，比如悬艾。

南朝梁学者宗懔在《荆楚岁时记》中描述了端午习俗："采艾以为人，悬门户上，以禳毒气。"隋人注解，南齐宗测曾在端午节当天公鸡啼晨之前采摘人形艾草，用来治病十分有效。孟元老《东京梦华录》中也写道：端午"钉艾人于门上"。宋代《梦粱录》记述更为详细："杭都风俗，自初一日至端五日，家家买桃、柳、葵、榴、蒲叶、伏道，又并市茭、棕、五色水团、时果、五色瘟纸，当门供养……以艾与百草缚成天师，悬于门额上，或悬虎头白泽，或士宦等家以生朱于午时书'五月五日天中节，赤口白舌尽消灭'之句。此日采百草或修制药品，以为辟瘟疾等用，藏之果有灵验。"

艾草还被编成虎形挂在门上，清代北京风俗志书《帝京岁时纪胜》中记载："五月朔，家家悬朱符，插蒲龙艾虎。"江苏海州湾的渔民过端午节时，常常在门上贴"虎符"，就是用朱笔在黄纸上画虎头贴在门上，或者用红黄纸剪虎贴于门上。有的地方用蛋壳羽毛制成老虎形,悬挂在门上,名曰"挂艾虎"。

艾是一种草药,又可以用来针灸治疗,所以为民俗所借重。在山西省一带流传着一个关于端午的传说,介绍了端午插艾的由来。据说唐代时黄巾起义军攻打到邓州城下,城内妇孺老幼皆逃往城外。起义军首领黄巢在人群中看到一位妇女怀抱一个五六岁的大男孩,手牵一个三四岁的小男孩,心里感到奇怪,就走过去询问缘由,妇女回答说:"大的是邻居家的孩子,他的父母都去世了,只留下他一个。小的是我自己的孩子。如果无法保全两个,就丢掉自家的孩子,保邻居家的孩子。"黄巢说:"黄巾军杀富济贫,只跟官府过不去。你爱邻居家的孩子,我爱天下的百姓。"边说边拔下两棵艾草递给妇女:"凡是有艾的都不杀,请你回到城内通知大家,门上插艾,就可以保平安。"第二天,黄巢进入邓州城,贫苦人家的门上全都插了艾。这"艾""爱"同音的故事,倒使门上挂艾有了新的含义。

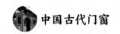

古时端午节民俗，还有其他一些门饰，大致如下：

三国裴玄《新言》载："五月五用色缯成麦状，以悬于门，彰收麦也。"门上挂麦，寓意农业丰收。这种门饰在有关端午节的传统风俗中是十分独特的，其年代应是相当久远的。

《重修台湾府志》中记载："门楣间艾叶、菖蒲，兼插禾稗一茎，谓可避蚊蚋；榕一枝，谓老而弥健。"门前挂艾叶、菖蒲、稗草，用来避蚊虫，而悬榕枝则可以使老人更加健康。在陕西，端午节时，人们把蒲艾纸牛贴在门上，认为可以"镇病"。

敦煌遗书《杂书》写道："取东南桃枝，悬户上，百鬼不敢入舍。"桃木在民间素来被视为辟邪神物，所以，端午节人们也在门上挂桃枝辟邪。

《盖平县志》记载："门悬黄布猴，手执彩麻小帚，取扫除灾孽意。"这一习俗与五行生克之说有关。地支午属马，申属猴。反映五行生克关系，有猴辟马瘟之说。重午之日，在门前挂黄布猴，就是为了用申猴所代表的水气来制约重午的火旺之相。

《沧县志》云："五月五日，门插艾枝，剪红纸葫芦粘门楣。"清代富察敦崇《燕京岁时记》："端阳日用彩纸剪成各样葫芦，倒粘于门阑之上，以泄毒气。至初五午后，则取而弃之。"在门上贴剪纸葫芦，以泄毒气，体现的依旧是旧时端午节的主题。

第八节　门前礼仪

一、拥彗迎门

迎来送往到门前，自古以来是一种礼貌。为了表示待客热情和友好之意，古人迎宾之时往往行"三揖三让"之礼。《周礼·秋官·司仪》

说："宾三揖三让，登，再拜授中。"郑玄注解《周礼》说："三揖者，相去九十步揖之使前也。至而三让，让入门也。"三揖三让之后，客人走进大门。进入大门后，还要再让。《礼记·曲礼》载："凡与客入者，每门让于客。客

至于寝门，则主人请入为席，然后出迎客，客固辞，主人肃客而入。主人入门而右，客人入门而左。"意思为每到一座门前都要让客，这样可以显示出礼貌教养。

为了表示对贵宾的欢迎，自古以来有拥彗迎门的礼仪风俗。彗，即扫帚。每当有贵客拜访，古人一般都会双手拿扫帚站在门前迎接，表示门里门外已经打扫干净，欢迎客人光临。"拥彗迎门"在诸多文献有所记载。据《史记·孟子荀卿列传》描述，邹衍受到各国诸侯的尊敬和礼遇，他到燕国时，"昭王拥彗先驱，请列弟子之座而受业"。燕昭王为了表示对邹衍的敬意，"拥彗先驱"，并不是亲自为邹衍清扫道路的意思。汉代《汉纪·高祖纪》中也记载了一则"拥彗迎门"的事例：高祖刘邦去见父亲刘太公，"朝，太公拥彗，迎门却行"。

在考古发掘的一些汉代画像石上也常常可以看到"拥彗门吏"或"拥彗奴婢"图案：奴仆或小吏躬身持帚站在门前，帚头向上，帚柄朝下，再现了当时的迎宾礼俗。

南北朝时期，北齐颜之推在《颜氏家训》中写道："南人宾至不迎，相见捧手而揖，送客下席而已；北人迎送并至门，相见则揖，古之道也，吾善其迎揖。"颜之推发现南北方迎客的礼俗存在差异。北方人的迎客礼节接近古风，迎接和送别宾客都到家门前，与宾客相见都行作揖之礼。颜之推认为还是北方的迎宾礼节好。

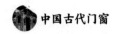

二、门前投刺

投刺即投递名刺，这也是门前的礼仪之一。

南宋画家李嵩在其画作《岁朝吉庆》中描绘了元旦贺岁的情景，其中就有投刺的画面：在一户人家的家门外，骑马的投刺者已经下马，石阶下有人双手递上贺岁的名刺，台阶上有人正要接过名刺。

宋代的名刺由纸制作而成，和信札不同，上面主要标注姓名，类似现在的名片。《后汉书·文苑列传》记载："（祢衡）初达颍川，乃阴怀一刺，既而无所之适，至于刺字漫灭。"大意为，祢衡是东汉末年名士，性格刚毅傲慢，他的名刺并不拘于投给具体的某个人。他时刻把名刺揣在怀里，等待遇到乐于投刺的大门，就将名刺投递过去。但是，他看不上任何门第，找不到可以投递名刺的地方，以至于名刺一直那么怀揣着，字迹都被磨得模糊不清了。

名刺这种社交用品，在纸张发明之前就已经开始使用了。木简、竹简作为书写材料的年代，用竹木制作名刺是很自然的事。宋代孔平仲《孔氏谈苑·名刺门状》中写道："古者未有纸，削竹以书姓名，故谓之刺；后以纸书，故谓之名纸。唐李德裕为相贵盛，人务加礼，改具衔候起居之状，谓之门状。"这段材料介绍了名片在不同发展阶段的不同称谓——刺、名纸、门状。此外，它还有门刺、拜帖、名帖、名柬等称呼。

名刺用纸本为白色，从明代开始使用红色。据明人郎瑛《七修类稿》记述，他少年时代见到的名刺还是用白纸，大约两寸宽。他曾指斥一张名刺上只有五个字，却用大红销金纸，长五尺，宽五寸，并且用一绵纸封袋递送，过于浪费，是"暴殄天物"。可见名刺纸色由白变红始于明代。

清代《茶香室续抄》引《寄园寄所寄》载："海瑞晋南冢宰，以币物为贺者，俱不受；报名纸用红者，亦以为侈而恶之。"大意为清官海瑞引退多年后再度得到任用，出任南京吏部右侍郎一职。有人送来财物表示祝贺，海瑞坚决不收；有人投刺使用红纸，他感到厌恶，认为"红名片"太过奢侈。而留存至今的海瑞名刺，尺寸不大，由白纸制成。

《岁朝吉庆》画卷上展现的门前投刺之礼，在明清时期尤为盛行，且渐渐变为一种虚礼。明代陆容《菽园杂记·卷五》记载："京师元日后，上自朝官，下至庶人，往来交错道路者连日，谓之拜年。然士庶人各拜其亲友，多出实心。朝官往来，则多泛爱不专。如东西长安街，朝官居住最多。至此者不问识与不识，望门投刺，有不下马，或不至其门令人送名帖者。遇黠仆应门，则皆却而不纳，或有闭门不纳者。"又见翟灏《通俗编》："京中士大夫贺正，皆于初一元旦，例不亲往，以空车任载一代身，遣仆用梅笺裁为小贴，约二三寸，写单款，小注寓邸款下，各门遍投之，谓之'片子'。"望门投刺并不下马，甚至派人带着自己的名片到处投刺，这样一来，投刺的诚意自然大打折扣。

名刺最初是为通姓名而发明的，然而在使用过程中，这一功能似乎降至次要，投刺者更希望通过名片来联络感情。这便加强了名刺的礼仪功能。海瑞再次为官时，收到了诸多红白名帖，投刺者绝非只是为了自报家门那么简单。明代陈宏绪《寒夜录》记载："嘉、隆以来，往还名刺居上者傲而无礼，处卑者逊而可笑。"明代嘉靖、隆庆年间，名刺往来之间存在着一种陋习，地位高的人傲慢无礼，地位低的人则毕恭毕敬，甚至近于谄媚。

名刺还反映着尊卑等级观念，如王世贞《觚不觚录》载："亲王投刺，例不称名，有书王者，有书别号者，体至尊也。"又如汪启淑《水曹清暇录》："前明门状名纸，皆用白者，通籍后遇元旦贺寿用红，位尊前平时皆用红矣。今时人初入泮尚用白柬，过此全然用红，而山人、布衣、墨客恬然用之。"

晚清时期，名片之名，已经广泛使用，俞樾在光绪年间写就的《茶香室丛抄》中就有"今人所用名片"之语。而当时使用名刺的场所，也主要是在门前，如《清史稿·礼志》："属官见长官，辕门外降舆马，自左门入。初见具名柬，呈履行。"

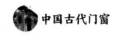

第九节 婚俗、丧俗中的门文化

一、嫁娶风俗和门文化

古代女子成婚称为出阁。"出"字反映了生活空间的变化，出娘家门进婆家门。因此，有些地区称婚嫁为"出门子"。

婚姻大事中，"出"很重要，备受人们重视。在儒家经典《礼记·郊特牲》中有这样一段文字："出乎大门而先，男帅女，女从男，夫妇之义由此始也。妇人，从人者也：幼从父兄，嫁从夫，夫死从子。"大门，指的就是女方家的大门。这是对传统仪礼所做的诠释。封建社会男尊女卑、夫唱妇随的伦理纲常，通过迈出大门的先后顺序体现了出来。

"男帅女"的前提，是要叩开女方家的大门，但这通常不是一件容易的事。婚姻礼俗中有一项仪式，名为"拦门歌"。清代李调元《南越笔记》中记述了这一风俗："粤俗好歌⋯⋯ 其娶妇而迎亲者，婿必多求数人，与己年貌相若而才思敏慧者为伴郎。女家索拦门诗歌，婿或捉笔为之，或使伴郎代草，或文或不文，总以信口而成、才华斐美者为贵。至女家不能酬和，女乃出阁。"介绍了男家去迎亲，须与女家对诗，女家不能酬和，才能接亲。"拦门歌"的婚俗在各地广为流传，河南南阳民歌"吹三阵，打三阵，吹吹亲家开开门"，反映的便是迎亲时女方拦门的场面。

"拦门"是在新娘的娘家门前，"叩门"则移至新婚洞房门前。在湘南江永县瑶族地区，有婚姻传统：新娘先进洞房，而新郎请来的诗伴要竭尽全力才能将洞房门叩开。如叩门时说："何以此门重闭，几时得到桃源。铁锁难开，无路可归通洞府，免阻新郎，听吾诗句，早早开门。"还要面向洞房门吟诗，比如："引得新郎到此来，隔门如隔万重山，今宵二姓交婚后，不怕此门夜夜关。"诵完一段诗之后接着叩门："何以侍娘侍娘，何不思量，叩门许久，吟尽好诗章。门前立久，新人心下忙忙，早开门户，免阻新郎……"再吟诗，直到新娘打开洞房门。这种婚姻礼俗与在新娘娘家门前的"拦门歌"颇为相似。

婚俗中除了"拦门""叩门"，还有一些故意难为新郎的手段，比如《天津志略》中记述的迎娶风俗："轿至女家，必关门，令作乐，故意迟延，谓可减新郎之暴性，过门后不致虐待其妇。女家启门时，尊长出怀中铜钱向门掷之，曰'满天星'。"大意为接亲的花轿到了新娘家门口，新娘家里故意推延开门的时间，认为这样可以磨减女婿暴烈的性子，让他婚后可以平和地对待妻子。

《清稗类钞》记述湖北黄陂婚嫁礼俗：新郎同媒人一起到新娘家接亲，新娘家里紧闭宅门，门两侧有人迎候。新郎来到后，奏鼓乐，并点爆竹。热闹一阵儿后，才打开宅门让新郎入内。新郎每过一道门都要行跪叩之礼，取"门下子婿"之义。进到屋里，红地毯下放有瓷片瓦片；落座之后要吃"三元汤"，所谓鱼圆、肉圆、汤圆，寓意"连中三元"，但是味道故意做得难以下咽。总而言之，新郎不可能那么容易地把新娘接出门。

在中国台湾地区的一些地方，新娘从娘家带出的东西比较讲究。陪嫁物品必须要有一根青竹，须是丈余长的小青竹，有根又有叶。把竹子带到夫家以后，要立即悬挂在大门框上。人们认为竹可以生笋，笋长大成竹后再生笋，因此在门上挂竹来象征子孙绵延繁盛。娘家也有不想要女儿带走的东西，比如《台北市志》记载道："女嫁，迷信福气将被带走，出门后女方则急用米筛封门以防之。又用扫帚作扫入家中状，亦为此意。"怕女儿出嫁带走福气，便用一个米筛封住门，又做出扫的动作，认为这样可以保住福气。这说到底，借助的还是门的意义——出入口和区别内外的界线。

上面讲的是出娘家门，接下来说进婆家门。

有婚俗要求，新娘进门前要在门口撒草和谷豆。宋代高承《事物纪原》记载："汉世京房之女适翼奉子。奉择日迎之，房以其日不吉，以三煞在门故也。三煞者，谓青羊、乌鸡、青牛之神也。凡是三者在门，新人不得入，犯之损尊长及无子。奉以谓不然，妇将至门，但以谷豆与草禳之，则三煞自避，新人可入也。自是以来，凡嫁娶者，皆置草于门阃内，下车则撒谷豆，既至，蹙草于侧而入，今以为故事也。"高承解释宋代婚俗，引用汉代事例。由此可知，新娘到门前，用草、米谷、豆子禳煞的婚俗历史悠久。清代赵翼认为，此种婚俗始于汉武帝时期："李夫人初至，帝迎入帐中，预诫宫人遥撒五色同心花果。"

而新娘入门之时，要在门槛上置马鞍，鞍上放钱串，新娘从马鞍上跨过，才能进屋。跨马鞍的婚俗，是北方游牧民族的遗风。唐代段成式《酉阳杂俎》载："今士大夫家婚礼，新妇乘马鞍，悉北朝之余风也。"

在新娘下轿之前，新郎要拈弓搭箭，向花轿门虚射三箭，辟邪消灾。《酉阳杂俎》载："当迎妇……箭三支置户上。"《清稗类钞》载："新婚舆至门，新郎抽矢三射，云以去煞神。"

婚俗的种种讲究，来源久远，流传深广，并在各地有所增饰。在河南省新乡获嘉县，新娘来到门前后，要怀抱瓶、杼、秤、镜等物件，取德、言、容、工四德之意。在广西省宜北县（今环江毛南族自治县），新娘进门之时，男家要破竹一条，揉成拱桥形，并派一名老妇搀扶新娘跨过竹桥，以取健康之兆。在天津，花轿到了男家以后，新娘下轿时必须手抱宝瓶，或左手金、右手银，表示非空手而来；还须口含苹果，寓意平安；入门之时要跨过火盆。在湖北省来凤县，新娘进门时，夫家要摆设香烛、酒醴和三牲，在门外祭祀神灵，名为"堵煞"。新娘入门之后，在门内点燃七星灯，用筛子罩住，喜娘搀扶新娘从筛子上迈过，称为"触邪"。在江夏县（今武汉市江夏区），喜轿到达门前时要鸣金，据说可以避白虎凶神。在山东省莱阳，新娘下轿进门，要在路上铺红毡，在门槛覆马鞍。新娘将要入门，把黍糕越过新娘头顶，称作"顶高"，在大门两侧分别放一束谷秸，蒙上孺子红衣，或写"狮王"二字。在江苏省的一些地区，迎娶新娘时，在门前地面铺上布袋，新娘踩着袋子进门。这一习俗称为"传袋"，寓意传宗接代。在甘肃省张掖一带，新郎新娘拜堂之后，新娘跨入洞房门也要经过几道程序：要扶瓶，就是将油瓶放倒，由新娘扶起来；要捏门锁，就是将洞房门锁打开，由新娘重新锁好；在洞房门口摆放一副马鞍，让新娘跳过去，如此方能进入洞房。

关于新娘进门的种种讲究，无不是基于门的基本意义生发出想象。先是驱邪避恶，不让凶神恶煞混入门里；然后通过礼仪，表达对幸福生活的向往。而捏门锁等做法，则具有谨门户、遵妇道的意味。

新婚当天，似乎给予门槛更多关注。广东婚俗要求，新娘到达夫家门前，找一妇女用火把烧桃枝、茅红，新郎新娘跨门槛入门。据说不能踩踏门槛，否则会使以后夫妻反目。如果除去其神秘意义，剩下的就是历来的习惯观念了，即踩门槛是一种不礼貌的行为。新娘初来婆家，要特别注意自己的形象、举止。

至于故意踩踏门槛，将其作为治人的手段，则是旧社会的一种陋习。据胡朴安《中华全国风俗志》记载，浙江湖州地区新娘没有进门之前，夫家先在床上放一条布单，或者一个扁担，名曰"扁扁伏伏"，意思是要新娘敬畏公婆。但是新娘有应对之策，其在进门之时，故意踩踏门槛或者私坐新郎袍角，以此表示制伏公婆和夫婿。故意踩踏门槛，似乎是把婆家踩在了脚下，但这样也损害了初入婆家的新妇形象，所以很少有新娘行此之事。

嫁出门、娶进门，婚姻因建筑之门增加了礼俗，婚俗中展现出门文化的魅力。

"门"在婚俗中被发挥得淋漓尽致，男方落户女方家称为入赘，民间俗称"倒插门"。在广西，又有"上门郎"之称，《融县志》记载：当地人讲赘婿难为，有句谚语："上门郎，大凳扛。"

此外，在旧时代，男女定亲后，如果男方身死，女方因此而守寡，则称为"望门寡"——望着婆家的门，尚未得入。"望门寡"要求女子为去世的未婚夫守节，一生不得再嫁，可见封建礼教的残酷。如果男女定亲后女

方身死，则称为"望门妨"。"望门寡"和"望门妨"如今已经很少使用，因为它们所反映的旧观念已经不符合社会的要求，被时代扫地出门了。

二、丧葬习俗和门文化

在我国的门文化里，丧葬习俗亦是不可分割的一部分。尤其是门前的丧礼风俗，展现出我国丧葬文化的特色。

按照传统殡仪，在河北省等地，治丧人家要在家门前悬挂纸杆，按照死者年岁，每岁白纸一张，每纸剪为三连，其末条下垂，插在门头上，称为"门幡"，有的地方叫作"告天纸"。若死者为男性，则置于门左侧；死者为女性，则置于门右侧。门内竖一块木板，上面糊白纸，纸上写明死者姓名、生卒日期、年岁，下面列出孝子名次，这称为"立阳榜"，也叫作"殃榜"或"告白"。山东鲁东南地区民俗，家中有老人去世，要在屋门和大门上用火纸贴上门幅，告知有丧。砍一根鲜柳木棍子，在上面贴一张大白纸。死者多大年龄，就将白纸割成多少条。将带纸的棍子竖在大门口，名为"飞飞"，也叫"出头纸""岁头纸"。四川省雅安等地丧礼，在门外树竿挂纸，大圈代表十岁，小圈代表一岁，圈就是死者年龄，称为"出老纸"或"望山钱"。

"恕报不周""恕不敢报""恕不遍讣"白纸条，叫"门报儿""报丧贴"，贴在大门旁边，男左女右。四字直书在纸上，下款处用小字书写"×氏之丧"。假若死者是有父母在世的中青年，则在纸上直接书写"×氏之丧"，不用小字。出殡之日，移棺木出门时要立即把纸条撕下烧毁。清光绪年间出版的《常昭合志稿》记载了江苏常熟、昭文的丧礼习俗："初丧，糊纸屏如讣式书之立于门内，谓之'丧屏'，小户则粘于门上，即幼丧亦有之。凡停枢在家者，门必贴白纸，书'阁灵'二字，既葬而后除之。"

若儿孙为去世的长辈披麻戴孝，家门也要"穿"孝，即在大门上横钉一粗麻，称为钉门麻，或叫作"门孝"。这一习俗曾在浙江省一带流行。

还有一种名为"批书"的习俗。据《德清县新志》记载："令道家

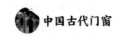

以'六轮经'辨生肖所忌，批斗书于大门外，告于戚属。"《杭县志稿》记载：道家以"六轮经"辨生肖所忌，并回煞日，谓之"批书"。在浙江省海宁，人死后立刻请来阴阳先生，推算死者年庚及其家属生肖，书在纸上，斜贴在治丧人家门外，上面标注何时小殓，何时大殓，何日迎神即回煞，以及冲忌等，称为"批书"。

传统葬俗，门前要立方相。清蒲松龄《聊斋志异·金和尚》记载："（殡日）方弼、方相，以纸壳制巨人，皂帕金铠；空中而横以木架，纳活人内负之行。设机转动，须眉飞舞；目光铄闪，如将叱咤。"现代出版的《孔府内宅轶事》记述了孔府治丧的情形："大门两边还站着'方弼''方相'，这是两个用绸缎和木架扎成的大汉，衣冠服饰和脸谱都很像京剧中的花脸，有一丈多高。人站在大汉的身体里，可以操纵着大汉活动、走路、做出各种动作，人还可以从大汉的肚脐向外看，来了吊丧的客人，根据男客、女客或男女都有，操纵大汉伴着乐曲上前迎接，在送殡时，这'方弼''方相'，也要走在队列前面，一直跟到墓地。"

民间出殡时，途经路口、桥梁都要撒纸钱，这一习俗直到现在依然可见。而《清史稿》中载述的皇家丧仪，"卤簿前导，册宝后随""所过门、桥皆致祭"，由礼部长官祭，则是民间风俗的宫廷化。

旧时守丧，有倚庐之说。《礼记·丧大记》记载："父母之丧，居倚庐，不涂，寝苫枕凷，非丧事不言。"孔颖达疏："居倚庐者，谓于中门之外、东墙下倚木为庐……不涂者，但以草夹障，不以泥涂之也。"《左传·襄公十七年》记载："齐晏桓子卒，晏婴麤（cū）缞斩，苴绖、带、杖，菅屦，食鬻，居倚庐，寝苫、枕草。"倚庐是守丧者在居丧期间所住的草棚，盖在中门之外的东墙下，向北开门，以草为屏障，不涂泥巴，门上没有横梁和柱子。以示所居简陋，哀思悲痛。

旧时操办丧事，在门外用白绢或白布扎成牌楼门形，称为"凶门"。《晋书·琅邪悼王焕传》记载："俄而薨，年二岁。帝悼念无已，将葬，以焕既封列国，加以成人之礼，诏立凶门柏历，备吉凶仪服，营起陵园，功役甚众。"凶门柏历置于门外，举哀表丧。

凶门柏历,体现了丧事大操大办的陋俗,在古代就受到有识之士的反对。如《南史·孔琳之传》中写道:"凶门柏装,不出礼典;起自末代,积习生常,遂成旧俗,爰自天子达于庶人。诚行之有由,卒革必骇;然苟无关于情,而有愆礼度,存之未有所明,去之未有所失,固当式遵先典,厘革后谬,况复兼以游费,实为民患者乎。凡人士丧仪,多出闾里,每有此须,动十数万,损民财力,而义无所取。至于寒庶,则人思自竭,虽复室如悬磬,莫不倾产殚财,所谓'葬之以礼',其若此乎?谓宜一罢凶门之式。"孔琳之认为凶门柏装乃是厚葬,"动十数万,损民财力,而一无所取",贫寒人家更是为此倾家荡产,所以建议废止这一陋俗。

第 三 章

绚丽多彩：门的结构类型

我国古代建筑的"门"可以分为两大类：一类是建筑物自身的一个组成部分，如板门、格扇门等，与槛窗、摘窗、木栏杆、花罩等一样，属于木装修之列；一类是划分区域的门，即门本身是一栋独立的建筑，如城门、牌坊门、门楼、垂花门、棂星门，等等。本章讲述的是第一类门。

第一节　板门

板门是用木板实拼而成的门，是与格扇门相对而言的，常常用于宫殿、王府、庙宇的大门和普通住宅的外门。板门可以详细分为实榻门、棋盘门、撒带门、屏门等类型。

一、实榻门

实榻门是用数块厚木板拼装而成的门，是各类板门中形制最高的大门，一般用在宫殿、王府等较高等级的建筑群入口处。实榻门的门心板和大边同等厚度，整个门板看着十分坚固和厚实，所以叫作实榻。实榻门每扇由 3~5 块相同厚度的木板拼合起来，然后由几根穿带（木条之类的连接件）串联加固制成，木板和木板之间裁做龙凤榫或者企口榫。有穿带的地方采用钉门钉的方式形成光洁平整的板

面，板面上可以根据规定设置门钉，油上红色。穿带的数目和位置同门钉的数目和位置相对应。木带具有加固门板的作用；门钉具有加固门板和穿带的作用。实榻门的门板，薄的至少在 9.6 厘米，厚的一般可达 16 厘米以上。门扇的宽度取决于门口尺寸，通常在 1.6 米以上。

二、棋盘门

棋盘门又称为攒边门，一般用于王府或大型宅院的大门。相比于实榻门，棋盘门要小得多，也要轻得多。棋盘门的做法与实榻门不同，通常先用边梃大框做成框架，然后安装门板，在上下抹头之间用若干根穿带横向连接门扇，形成方格状，因此门扇的形状像棋盘，得名"棋盘门"。棋盘门内侧设置门插和门闩，外侧居中靠近门槛的地方镶包如意形的铁皮，并用钉子按照一定的规则钉实，这样不仅起到加固门板的作用，还能够保护门板不易腐蚀或者损坏，同时也是一种装饰，如意形的铁皮更有吉祥如意的寓意。棋盘门中有一类比较讲究的门，即"镜面板门"。这种门的做法和一般棋盘门的做法大体相似，只是特别地将门靠外的那一面做得平整光洁，宛若镜面，因此得名"镜面板门"。

三、撒带门

撒带门是一种相对简单的板门，通常用于小型宅院的屋门或者院门。撒带门只在门轴的两边做框架，周边不再加边框，一边有门边，一边没门

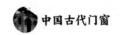

边，用来拼合门板的穿带显露并和两边榫接，穿带上都撤着头，所以称为"撤带门"。撤带门虽然简单，没有太多装饰，但人们还是在门上钉上铁皮包，有的人家还在门上贴上对联，具有一种朴素之美。

四、屏门

屏门是整个隔门面用木板钉起、表面光洁的一种门型，因作用类似屏风而得名。屏门在宫殿、府邸、寺院、衙署、普通住宅等建筑中广泛应用，通常最少有四扇。规整一些的屏门往往根据门的高度来确定其厚度，常见的尺寸标准为门高一丈，门扇板面的厚度为两寸。屏门的四周有框，框内是木板，木板与木板之间用木梢或柱梢拼接缝隙。屏门的背部一般有四道穿平带。有的屏门有双面的夹板，正反面相同，中间为空，北方称为"鼓儿门"。规模较大的住宅，一进入大门，就会看到后檐柱中间开设的四扇屏门，平日里仅开启边侧的一扇门，只有遇到婚丧嫁娶或者贵客来访时，才将中间的两扇门打开。讲究一些的宅院，会在仪门处设置一道屏门，门通常开在前步柱与廊柱之间，平时出入，从左边进，从右边出。在潮汕一带，人们将庭院厅堂与天井之间的隔断门叫作屏门。这里的屏门很有特色，每套屏门均有六到十扇，数目根据实际的空间距离确定。不过不论怎样设置，屏门的扇数都必须是偶数。

第二节　格扇门

格扇也叫作隔扇，是我国传统建筑最常用的门扇形式，既可当作门，又可当作窗。格扇门在宋代叫作格子门，因其带有镂空的棂花，所以又称为"软门"。格扇门在唐代时就已经出现，从现存唐代绘画中的一些建筑可以看出，那时就已经有格心采用直棂或方格的格扇门。比如李思训的绢本绘画《江帆楼阁图》中绘有直棂样式的格扇门。宋代以后，格扇门由于采光性能优越，开始取代板门，广泛应用于房门。

一、格扇门的构成

格扇门的基本形态是用木料做成木框，木框内由四到六根横向抹头分为三部分，上部为格心，下部为裙板，格心和裙板间为绦环板，六抹头的格门在四抹头的基础上增加上下绦环板及抹头。不论是格心、裙板还是绦环板，都可以进行装饰。

1. 格心

格心是格扇门中用来采光和通风的部分，也是格扇门中最引人注目和富有变化的地方，匠人们利用插接、雕镂和镶嵌等技艺将格心制作得姿态万千。格心的构成方式大致有三种：第一种是平棂构成，也就是由直木棂条构成格心，这是最流行的一种格心构成方式。平棂格心的形态千变万化，但有着一定的规律性，概括而言有间隔构成的直棂格心；框格构成的步步锦格心；网络构成的正搭正交方眼格心；正搭斜交方眼格心；沿边构成的灯笼锦格心；连续构成的拐子纹格心等。第二种是曲棂构成，也就是由曲线形棂条组成格心，或是由直棂与曲棂混合构成格心。曲棂的制作需要将木条加工成曲线形，这与木材的本性不符，因而很少采用。第三种是菱花构成，也就是由花瓣棂条构成格心。这种格心的规格较高，一般只用于宫廷、陵墓、寺庙、坛庙等重要建筑的格扇门。菱花格心看起来比较复杂，其实只是支条抽出花瓣，支条本身的组合依旧是由很简单的网格构成。菱花一般分为三交六椀菱花和双交四椀菱花两类。三交六椀菱花又有正交、斜交之别，正交为中线垂直，两边棂条作60°角相交，斜交为中线偏30度角相交。双交四椀菱花也有正交和斜交两种，正交为中线垂直成直角相交，斜交为中线偏45°角直角相交。菱花格心在规则、匀称中交织着丰美、富贵，有助于表现殿堂和房屋的华丽风格。

2. 绦环板和裙板

绦环板又称为夹堂板、腰华板，是格扇门上两抹头之间的横板结构，

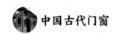

尺度小而狭长，通常不采用镂空形式。其工艺手段主要有雕刻、镶嵌、彩绘等。绦环板的面积虽小，有时却是门扇上装饰的重点部位。民间建筑的绦环板装饰题材十分丰富，有人物、动物，也有树木、山石、花卉等。此外，绦环板的数量与格扇门的规格有关，绦环板的多少决定了抹头的数量，绦环板越多，横向的抹头数目也越多，所以有三抹格扇、四抹格扇、五抹格扇、六抹格扇和落地明造（二抹格扇）等多种规格。

裙板又称为群板、障水板，是一块长方形的木板，镶嵌在边梃与抹头围合的方框内。裙板是格扇门木雕的重要装饰部位，装饰工艺主要有雕刻、镶嵌、彩绘等。裙板的雕刻工艺，多采用浮雕或素平的做法，不做成镂空样式。裙板的装饰题材比较丰富，既有吉祥花草、祥禽瑞兽，又有戏剧人物、民间神祇等，比如殿堂门裙板常用"二龙戏珠""如意云头"等纹样，民居门裙板常用"福在眼前""四季平安"、人物、山水等纹样。

落地明造

不用裙板和绦环板，只用格心，这种格扇称为落地明造，也叫作落地长窗。落地明造上下通透，通光性能较好，主要用于宫苑、园林等建筑。宋代马远的《华灯侍宴图》中就绘有落地明造。位于安徽省黟县西递村的"大夫第"保留有完整的落地明造实例。大夫第建于清康熙三十年（1691年），是朝列大夫、知府胡文煦的故居。这座建筑的天井周围使用了落地明造冰梅纹格扇，冰梅纹寓意"十年寒窗"，用以鼓励寒门学子刻苦读书。

二、格扇门的雕饰

格扇门的格心、绦环板和裙板上常常处处都有精美的木雕：格心部分用透雕，绦环板用深雕，裙板用浅雕。透雕玲珑剔透，深雕工艺细腻，浅雕纹路清晰。格扇门的装饰可多可少，可繁可简，雕饰的重点和内容取决于建筑的类型及格扇所处的地位。精雕细刻后的格扇完全可以视为精美的艺术品，早已超出了单纯的使用价值。

格扇门的雕饰题材和内容丰富多彩，总结来看有以下几类：

1. 文字类

文字是格扇门上比较常见的一种装饰手段，往往讲究意形结合。意，指的是文字的含义；形，指的是文字的形状。就文字的意义来说，"招财进宝""福禄寿禧""忠孝节义""花开富贵""平安如意"等都是寓意吉祥的文字。就形状而言，古汉字中的"福""万""寿"以及象形文字在装饰中使用得比较多。文字周围用云朵、几何、如意等纹样做装饰，字体笔画的起落运转、整体构图的疏密变化都要详细考虑。福建省龙岩连城县培田村济美堂中有一组格扇，格心部分刻满龙纹，由龙纹组成的"礼""仪""忠""孝"，四周围以四条头尾相接的草龙。

2. 动物类

动物是格扇门十分常见的装饰题材。格扇门上的动物图案有龙凤、麒麟、鱼、鹤等。

龙，是我国古代传说中的神异动物，古代统治者都以龙作为自己的"真身"，自誉为真龙天子，帝王的一切均与龙有着千丝万缕的联系。帝王居住的宫殿叫作龙宫；坐的椅子叫作龙椅；所穿的朝服叫作龙袍；子孙后代则称为龙子龙孙。宫廷中到处用龙的形象来彰显皇家的权威。一般平民虽然不能把龙与自身关联，却也希望通过龙的形象为家庭带来祥瑞。龙是中华民族的象征，是人们最早信奉的图腾，

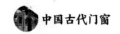

在传统建筑的装饰内容中，龙占了相当大的比例，不管是官式建筑还是民间建筑，不管是石雕、砖雕还是木雕，形态各异的龙始终是装饰上最瞩目的存在。

凤，是我国古代传说中的神鸟，凤凰的简称，雄的称为凤，雌的称为凰。《礼记·礼运》中记载："麟、凤、龟、龙，谓之四灵。"《史记·日者列传》："凤凰不与燕雀为群。"都说明凤凰异于凡鸟，为鸟中之王。凤凰常用来象征祥瑞，当与太阳组合在一起，便是装饰题材中的"丹凤朝阳"，象征着位高而志远。

麒麟，是我国古代传说中的一种瑞兽，与凤凰一样有雌雄之别，雄者叫麒，雌者叫麟。麒麟的形状像鹿，全身有鳞甲，头上长角，尾像牛尾。相传它是岁星散开而生成的，主祥瑞。麒麟是一种仁德之兽，据说口不食生物，足不践青草，因而被看作美德的象征。我国古代民间有麒麟送子的说法，百姓认为求拜麒麟可以生育得子，所以对麒麟大加供奉。而历代统治者也十分珍爱麒麟，视"麟现"为国家"嘉瑞祯祥"的象征，借以歌颂太平盛世。因此麒麟在建筑物的门窗装饰上得到较多的应用。

鱼，在装饰题材中有着多重含义，人们喜欢用它来表达美好的祝愿。首先，鱼寓意事业有成。鱼和龙同属于水生动物，据说它们之间隔着一道龙门，所以龙为神兽，鱼为凡物。鱼若是经过长期修炼，跳过了龙门，就能够化身为龙，位列仙班，因而民间有鲤鱼跃龙门之说，象征人如果能晋升朝堂，则功成名就。其次，鱼象征着富贵。鱼谐音余，代表富余、有余，鱼和莲组合，即有"连年有余"之意；若是在一只花瓶里插戟，戟上挂磬，磬上挂双鱼，则"戟"取谐音"吉"，"磬"取谐音"庆"，就是"吉庆有余"。鱼还意味着子孙满堂。鱼为卵生动物，繁殖能力强，这在重视子孙繁衍的中国古代确实是一种美好的象征。

鹤，是一种大型的涉禽，主要活动于沼泽、浅滩等湿地，以小型鱼类、昆虫以及植物的根茎、种子等为食。鹤的种类并不多，全世界只有十五种，在我国有丹顶鹤、黑颈鹤、白鹤、灰鹤、蓑羽鹤、沙丘鹤等九种。鹤体态优美，气质高雅，在我国传统文化中占有崇高的地位，被视为长寿的象征。《淮南子》中有："鹤寿千岁，以极其游。"人们常把鹤和松放在一起，表达长寿健康意愿，以松鹤命名组合的吉祥图案也有很多。

喜鹊，又称报喜鸟，在我国民间素来被看作一种吉祥的鸟。古人认为喜鹊具有感应预兆的特异本领，既能够预示贵客的光临，又能够预示喜事的发生，特别是早上的时候如果有喜鹊在家门口鸣叫，则被认为将来几天有喜事。刻两只喜鹊，代表着双喜；喜鹊栖息在梧桐树上，寓意同喜；若是一只喜鹊落在梅树的枝头，则意为喜上眉梢，象征着喜事盈门、欢天喜地；如果梅、竹、喜鹊同时出现在一幅画面中，一只喜鹊落在枝头，仰头召唤高处的同伴，则表示竹梅双喜，是对纯真爱情的赞颂。

蝙蝠，是一种能够飞翔的哺乳动物，头骨较短，体色灰暗，样貌丑陋，只在夜间出来活动，科学研究表明，它的身上携带着上千种病毒，传染疾病的可能性极高。这种动物受到人们的眷顾，成为建筑装饰中常见的形象，究其原因不外乎"福"字的谐音。用五只蝙蝠围绕中央的"寿"字，称为五福捧寿，是门窗装饰中十分常见的图案样式。从豪华的宫廷到普通的民宅都可以看到它的形象，并且经过匠人门的艺术加工，它的形象还被大大地美化了。

鹿，我国古代备受人们喜爱和崇拜的一种动物，古人视它为长寿仙兽。志怪小说《述异记》记载："鹿一千一年为苍鹿，又五百年化为白鹿，又五百年化为玄鹿。"因此鹿有长寿的寓意。鹿也象征着富贵，取"禄"之音，意味着财禄不断。如果取"六"之音，与鹤组合，则是"六合同春"，六合即天下，六合同春便是天下皆春，皇家建筑的主要殿堂前往往设置铜鹿和铜鹤，便取此意。门窗装饰中使用鹿的图案，寓意健康长寿、永享天年。

3. 植物类

松、竹、梅是古代绘画中常见的内容，也是木雕格扇中普遍应用的题材。自古以来，松、竹、梅就被誉为"岁寒三友"。"三友"源自《论语·季氏》"益者三友"之语，是说同正直之人、诚信之人、知识广博之人交友是有益处的。而将松、竹、梅三种植物比作人类世界所谓的益友，

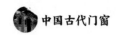

则与我国古代文人的思想境界有关。各个时代的文人雅士一般都喜爱借景抒情、托物言志，即将大自然作为寄托情感的理想环境，用具体的事物来彰显人品、人格。松树苍劲挺拔，翠竹凌寒不凋，蜡梅傲然盛开，冬季万物衰败之时，只有这三物坚贞不屈，保持气节，因而被赞为花木中的高士，用来象征人品的刚直高洁。唐代元结《丐论》中记载："古人乡无君子，则与云山为友；里无君子，则与松竹为友；座无君子，则与琴酒为友。"宋代苏轼《游武昌寒溪西山寺》中也有："风泉两部乐，松竹三益友。"正因如此，人们才将松、竹、梅的形象雕刻在门窗上，以示对崇高品格的追求。

牡丹，是我国十大名花之一，花大、色艳、味香，素有"花中之王"的美誉。唐代李正封在《牡丹诗》中咏道："国色朝酣酒，天香夜染衣。"于是牡丹有了"国色天香"的美称。牡丹也叫富贵花，是吉祥和富贵的代表，人们常将牡丹和芙蓉画在一起，寓意"富贵长春"，将牡丹和水仙画在一起，寓意"神仙富贵"。牡丹以其特有的雍容端庄、华贵典雅，被人们视为幸福和平、繁荣昌盛的象征。

4. 人物故事类

门窗装饰还有一种比较常见的题材，就是由人物和环境组成的带有情节性的内容。这类题材又可以分为多种，有以古典名著中的情节、片段为内容的，比如《西厢记》《三国演义》《红楼梦》等；有以民间传说故事为内容的，比如"断桥相会""梁山伯与祝英台""二十四孝"等；有以历史事件为内容的，比如"负荆请罪""王羲之放鹅""郭子仪拜寿"等；也有描述生活场景的内容，比如"牧童高歌""樵渔耕读"等。这些生动的人物形象和有趣的故事雕刻在门窗上，表达了人们的愿望和追求。

5. 纹样类

格扇上的纹样主要是动物纹样和几何纹样，如龙纹、鱼纹、麒麟纹、如意纹、八方穿纹、万字锦格等。

还有一类古器物纹样，比如玉器纹饰、青铜器纹饰、象牙器纹饰、古漆器纹饰和古陶瓷纹饰等。封建时期将博古好通、玩赏古物作为文人仕官高雅博学的标志之一，因此古器物纹样也被用于装饰之中。

　　文房四宝、琴棋书画、佛八宝（宝瓶、宝盖、双鱼、莲花、右旋螺、吉祥结、尊胜幢、法轮）、道教八仙手中所执器物（剑、扇、花篮、鱼鼓、荷花、玉板、笛子、葫芦）在各种形式建筑的格扇上都能见到。

第三节　其他门式

一、风门和帘架

　　格扇门外一般都加设一道门，做成双层门，位于外部的那层门名为风门。传统建筑中的风门，夏季的时候可以摘下来，便于通风；冬季的时候可以在门内悬挂门帘来保温。风门除了可以做在格扇门外面，还可以做在单扇门外面。一般居住或起居室的建筑物外门，加设风门。和风门有着同样作用的另一种形式是帘架，就是在门外竖立一副框架，框架上部进行装饰性处理。这种带帘架的格扇门在山西省的农村住宅极为流行。

二、三关六扇门

　　将板门和格扇门两种形式结合起来，就会形成一种新形式的门，即三关六扇门。这种门是将堂屋开间用立柱分隔成三部分，各个部分均安装两扇门，中间设板门，供平时进出使用；两边为

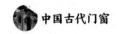

格扇门，用来通风采光。因六扇门都能开闭，故而称为三关六扇门。

三、券门

券门又称拱券门，是用砖石砌成的弧形或半圆形的门洞，常用于城门、地宫、涵洞及无梁殿等建筑中。

我国拱券砌筑技术最早用于地面建筑是在魏晋时期，当时只在砖塔和一些建筑物的门窗、壁龛上使用，或者作为塔层间的楼面承托结构，规模和跨度往往不大。到了北宋时，拱券砌筑技术已经用于城墙水门，到了南宋末年用于城门洞。明代初期出现了砖砌拱券建筑，这种建筑的主体结构由砖拱券构成，室内空间为一大型砖拱，前后在垂直方向再砌出一些小砖拱券作为门窗使用，外部出檐、斗拱和檩枋等全部用砖石模仿木构件制作，上面覆盖瓦屋面，俗称"无梁殿"。无梁殿均为拱身顺面阔布置，侧壁开洞为门窗的大建筑，常常用于宫殿、寺庙之中。

拱券是拱和券的合称。用砖陡砌成券形，在陡砌的砖券上随券形平铺一层砖石，可以增强拱券的结构。宋代称这层砖石为"缴背"，清代则称为"伏"。券和伏的层数由砖拱券跨度和荷载的大小决定。明清时期，使用券、伏的数量，成为建筑等级的标志之一，等级较高的建筑可以用到五券五伏的形式，比如正阳门箭楼的门洞。

第四章

婀娜多姿：门的类别及功用

建筑中的门，根据其所在位置的不同而有不同的名称，在皇宫中称为宫门，在官府治所称为衙门，在军营行辕称为辕门，在寺庙道观称为山门，在普通的民居称为门楼。而随着门的形制和功能的不同，又有城门、阙门、台门、牌坊、垂花门等不同类别，真可谓绚丽多彩，姿态万千。

知识链接

辕　门

古时军营大门称为辕门。古代军队外出征战，将帅的指挥部一般设在野外临时搭建的军营中，军营不可能是砖木结构的固定建筑，只能是较大的帐幕。为了显示将帅指挥部的威严，常常把军队中最重要的军事装备战车排列在营帐两侧，让车辕朝上形成拱形，作为临时性大门，因车辕相对，故名"辕门"。今天，我们依然可以从戏曲舞台上听到这一称呼，比如"辕门射戟""辕门斩子"等。

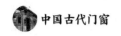

第一节　城　门

　　城门是在城墙上开辟的门，是出入城池的通道。在我国古代，城门对于一座城市来说意义非凡，有时甚至是一座城市的象征。

一、城门的历史

　　说到城门，不得不提到城市。

　　我国古代城市的起源是相当早的。《博物志》中说："禹作城，强者守，敌者战，城郭自禹始也。"《吴越春秋》载："鲧筑城以卫君，造郭以守民，此城郭之始也。"《礼记·礼运》中提道："今大道既隐，天下为家，各亲其亲，各子其子，货力为己，大人世及以为礼。城郭沟池以为固……"虽然没有考古发掘证实城邑的建置是始于夏鲧还是大禹，但是可以看到夏代时就已经出现了城市。目前出土的夏代城市遗址，只有城墙的遗迹，并没有城门。商代时城市得到进一步发展，无论是规模还是数量都较夏代有所扩展，已发现的商代城址，不仅保留有城墙，还有城门、城壕等设施，比如河南省新郑望京楼商代城址有三重城墙，东城墙偏南处有一座城门，呈凹字形，是我国已知的早期城址中规模最大、形制最完备的城门。周代重视城市建设，城市大量兴起。文献资料显示，周王城一共开设十二座城门，每座城门都有三条道路通过城门，十二座城门正合十二时、十二辰、十二律、十二宫、十二支，与天位相会，具有至高无上的权威。作于五代末期的《三礼图》将周王城形象地表现了出来，通过图上的画面可以看到当时的城门是一座高踞在城墙上的三开间四面坡屋顶的殿堂，城墙上开着三座城门通向三条街道。

　　秦汉是古代城市的发展期，城市的规模和布局较周代有了很大突破。西汉的都城长安是当时世界少有的繁华大都市，"徒观其城郭之制，则旁开三门，参涂夷庭，方轨十二，街衢相经。廛里端直，甍宇齐平。"（张衡《西京赋》）那时长安亦设十二座城门，据《三辅黄图》记述：东城墙开设三座城门，为霸城门、清明门、宣平门；南城墙亦辟三门，为覆盎门、安门、西安门；西城墙也有三门，为章城门、直城门、雍门；北城墙上的三座门分别为横门、厨城门、洛城门。十二门之名目，亦尊方位应天象，如东面的霸城门，因东方为青龙，所以又称作"青城门"。

　　唐代是我国封建社会的鼎盛期，不论是社会经济、政治制度还是思想文化，都取得了辉煌成就，城市在这一时期也得到了高度发展。都城长安是当时有名的国际大都市，不仅规模大，而且有严整的规划，皇城和宫城位于城中偏北位置，城内划分为一百多个整齐的坊里，城的东、南、西三面分别开设三座城门，北面开辟七座城门。经过考古发掘的长安城遗址，坊里和道路都十分清晰，城墙为夯土筑造，地下墙基保存较好，城门的位置也能确定。昔日长安的这些城楼在历史进程中早已毁坏无存，而今只能根据遗迹和文献记载还原其面貌。以明德门为例。明德门的复原图显示，门的下面是土筑外包砖的门墩，门墩上有一层由斗栱、梁枋组成的木结构，称为"平坐"，平坐上建有门楼。明德门的门楼为十一开间，是一座四面坡庑殿式屋顶的殿堂，正脊高约 22 米，在当时的长安确实是一座气势雄伟的主要城门楼。除了长安城外，唐代还有洛阳、扬州、成都等城市，这些城市有的也经过了考古发掘，不过城门楼几乎已毁坏，无法看到

原貌，只能从甘肃省敦煌莫高窟的唐代壁画上窥见其形象，其中有两个门洞和三个门洞的门墩，门墩上都有一层木结构的平坐，平坐上建造门楼，壁画上两座门楼均为五开间，覆以歇山式

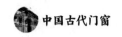

屋顶。四面坡庑殿式屋顶和歇山式屋顶是我国传统建筑屋顶形式中最主要的两种式样，由此可见城楼建筑在当时城市建筑中的重要地位。

宋明时期，城市也呈现出一派繁荣景象。宋代将都城定在汴京（今河南省开封市），汴京城虽然没有唐代长安城那样方整，城内的街道也不像长安那般规则，但是因为宋代商业、手工业的发展，汴京城里形成了繁华的商业区，著名画家张泽端的传世名画《清明上河图》上就生动地再现了当年汴京城的繁华景象。画卷中绘有一座巍峨的城门，此城门沿用唐代城门的形制，城墙上开有单个梯形洞顶的门道，厚实的门墩上有一层平坐，平坐上为五开间四面坡庑殿式屋顶的殿堂，看起来极为端庄而有气势。

江苏苏州是两宋时期江南一带的名城，在南宋时称为平江府，是隋唐大运河的航运中心。收藏于苏州碑刻博物馆的南宋《平江图》碑向我们展示了当年平江府的状况。整座城市平面为长方形，四周设五座城门，门上有四面坡屋顶的门楼。城内不仅有整齐的街巷，还规划河道水网，有些河道同街巷保持平行，形成建筑前临街、后临河的布局。河道一般由人工开凿而成，和城墙外围的护城河相连，因而五座城门不仅有通往街道的门洞，还有并列驾在河道上的水城门。

二、城门的作用

城门是做什么用的呢？

首先，我们要说它是政治统治的象征。

我国古代的许多城门，尤其是都城和皇城的大门，在重视实用性的基础上，还具有政治意义。为了表现权威，古人常常把天庭的秩序映现在城市建设和城门设置中，以追求与上天相应，即《易经·系辞》中所说的"在天成象，在地成形"。

《吴越春秋·阖闾内传》中记载了春秋末期吴国国君阖闾命伍子胥建造苏州城，用天数威慑邻国，图谋霸业的故事："子胥乃使相土尝水，象天法地，造筑大城，周回四十七里。陆门八，以象天八风；水门八，以法地八聪。立阊门者，以象天门，通阊阖风也。立蛇门者，以象地户也。"由此可见，城门的设置已经上升到与强国事业有关的高度。

其次，应当说城门是经济实力的象征。

城墙之内的城区是一座城市商业、手工业的中心，聚集了大量人口和财富，有着巨大的经济能量。每天从城门出入的不仅仅是熙来攘往的人群，更是人群所代表的经济流通的规模和质量，北宋都城汴京的繁华可见一斑。而且，进出城门都是要缴税的，如宋真宗大中祥符二年（1009 年）六月下诏规定："自今诸色人将带片、散茶出新城（汴京城）门，百钱已上商税院出引，百钱已下只逐门收税。"在明代，北京城门每年收取税额达十万两之多。直到民国时期，这种进出城门缴税的制度才被废除。

再次，城门在冷兵器时代具有抵御外敌的军事意义。

在古代，城门是出入城市的要道，是攻城战中敌方进攻的重点目标，所以古人十分重视城门的营建。城门的正上方建造望楼，供将帅指挥守城之用。主要的城门还设有吊桥，平时放下，战时拉起，保护城门。城门后面设有悬门，平时挂起，有警时放下，以便在城门被攻破后作为备用城门。后来又添置了瓮城，就是在城门外侧修建的半圆形或方形的护门小城。敌军若是攻破城门，还会遇到瓮城的阻挡，甚至被瓮城上的伏兵打得措手不及。望楼、吊桥、悬门、瓮城等设施，加强了城门的防御功能，使城池成了一个个易守难攻的堡垒。

最后，城门还有宣示礼仪章法的教化作用。

"礼"在古代是维持社会秩序、巩固等级制度、调整人伦关系的规范和准则。礼制不仅反映在饮食起居等方面，还在建筑形制上打下了深深的烙印。比如周代将城邑分为三个等级，对不同等级城池的规模、城楼高度、城门数量等做出严格规定，《周记·冬官考工记·匠人》载："匠人营国，方九里，旁三门。""王宫门阿之制五雉，宫隅之制七雉，城隅之制九雉。……门阿之制，以为都城之制。宫隅之制，以为诸侯之城制。"一雉长三丈、高一丈，也就是说周王城的城楼高九丈，诸侯的城楼高七丈，宗室的王城城楼只能高五丈，使用超过自身级别和标准的城楼高度，乃是僭越行为，是要掉脑袋的，因此城门的尺寸有时还是关乎生死的大问题。这

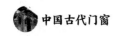

样严格的规定，也在间接地提醒人们注意等级和尊卑，起着宣教警示的作用。

当然，城门的作用远远不止以上几点。笼统地谈论城门的作用似乎太过简单，实际上，以北京的城门为例，每一座城门都有其特定的作用与象征意义。如正阳门为京城正门，是专供皇帝通行的城门，皇帝每年两次出正阳门，一次是冬季到天坛祭天，一次是惊蛰到先农坛去耕地。宣武门常走囚车，凡是犯死罪者均要经过这道门押往菜市口行刑，因此宣武门也叫作"死门"。宣武门地势低洼，在瓮城内垒有五个石堆，每年雨季，大水漫过石顶，就要开城门泄水，俗称"宣武水平"。德胜门为"出兵之门"，走的是"兵车"。当年瓦剌攻打北京城，于谦曾在这里击溃瓦剌军，所以人们相信"德胜"这个名称能够带来好运，尤其是与敌人作战时。因而以后遇到战事，都从这里发兵出城。康熙皇帝的第十四子胤禛西征之时就从德胜门出发，以期旗开得胜。阜成门进煤车，这是因为门头沟、三家店等煤矿都在此门附近。煤谐音梅，因此城门洞内有砖雕的梅花，表示这里常走煤车。东直门走木材车，因为此门到交道口一带大木厂子最多。西直门多走水车。因为北京城内水质不佳，所以宫廷用水皆从玉泉山运来。每天黎明时分，水车从西直门入城。安定门走粪车，过去安定门外比较荒凉，靠近地坛的东、南、北三方有许多粪场林立，因而安定门常走粪车。朝阳门走粮车。崇文门走酒车。

 知识链接

北京的城门

北京城门有"内九外七皇城四"的说法。北京内城有9座城门，东城墙有朝阳门、东直门，南城墙有正阳门、崇文门、宣武门，西城墙有阜成门、西直门，北城墙有德胜门、安定门。外城有7座城门，东城墙为广渠门、东便门，南城墙为永定门、左安门、右安门，西城墙为广安门、西便门。皇城有4座城门，分别是天安门、地安门、东安门和西安门。

三、城楼和城门洞

城门大致由城楼、城门洞等部分组成。城楼是建立在城门上的楼观，是城门的定位标志，更是观察、监控、警戒的场所。城楼的开间数量多少不一，少的只有三开间，如辽宁省兴城古城的城楼，多的可达九开间，如北京正阳门的城楼。通常情况下，城楼的楼层为一至两层，也有做成三层或是重檐的，如甘肃省嘉峪关的城楼为三层单檐，山西省代县的边靖楼是三层四重檐。城楼的下部是土筑外包砖的礅台，礅台上开设城门洞。宋代以前城门洞采用木构架过梁式，在门洞两侧立"排叉柱"，用木构梁架承重，洞口呈圭角形。明清以后，城门洞一般采用砖券结构，洞口呈拱形。城门的门扇也改用铁叶包锭的、能够上下开闭的千斤闸，抗火攻的能力显著提高。而城门洞的数量往往取决于城池的规模与等级，一般来说，一座城池开一个或三个门洞，特殊情况下开五个门洞。

汉唐时期都城的城门一般为三个门洞，以应"三涂之制"。所谓三涂，就是在城门上开设三个门洞，穿过三个门洞有三条道路并行。目前出土的汉代长安霸城、宣平等四座城门，每扇门上都有三个门洞，居中的门洞宽7.7米，两边的门洞宽5.1米，门洞之间相距4.2米。这恰好印证班固《两都赋》中"披三条之广路"的说法。三条道路中间的一条称为"驰道"，也叫作"御道"，是皇帝的专用车道；另外两条称为"旁道"，供其他人行走。东汉经学家赵岐在《三辅决录》中对分道而行的做法解释说："左右出入为往来之径，行者升降有上下之别。"西晋陆机《洛阳记》记述更为具体："城内大道三，中央御道，两边筑土墙，

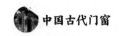

高四尺，公卿尚服从中道，凡人行左右道。左入右出，不得相逢……"说明我国"右行规则"源远流长。

唐代都城的城门，基本上都开设三个门洞，只有城南的明德门有五个门洞，这是因为明德门是正门，地位尊贵。由此可知，当时门洞设置的数量，同实际出入的需求并无关联，而是从礼仪制度加以考虑的。

宋代以后，三涂归一，普通城门往往只设一个门洞，以增强防御功能，但是皇城和宫城的城门，依旧沿用旧制，根据等级确定门洞数量，比如明清两代北京皇城的城门天安门，就设置五个门洞，等级最高。此外，明清时期皇城和宫城的门洞，中间的门洞均比两侧的门洞高大，根据《国朝宫史续编》记载，这是因为中间的门洞是专供皇帝出入的，而两侧的门洞分别供文武大臣和皇亲国戚通行，中间的门洞高于两侧，显示了帝王的权威。

四、城门管理

城门是一座城市的咽喉，是连接城内外的重要渠道，为了加强城市安全和维护城内治安，历朝历代都注重城门的管理。

城门管理制度在我国起源甚早。早在周代时就有专职人员负责管理城门，当时称为"司门"，据《周礼》记述，其职责主要是分掌都城各城门开闭，监督出入，查禁货贿，通报宾客来访。汉代时设城门校尉，总管京师城门十二座，并设城门候十二人。到了隋唐时期，由于城市规模扩大，商品经济进一步发展，城门管理日趋完善，规定了详尽的城门开启制度。宋代时，继承和发展了唐代城门管理制度，不仅有着严格的城门开启时间，而且制定了处罚细则。唐宋时期的城门管理具有代表性意义，下面介绍一下这两代的城门管理情况。

1. 唐代城门管理

唐代负责管理城门的官员称为"城门郎"。城门郎归门下省管辖，官阶为六品，下设八百个吏员，负责京城、皇城、宫城城门启闭。城门郎开启城门须依循定制。

　　首先，启闭有时。唐王朝实行宵禁制度。宵禁就是禁止夜间的活动。我国古代城市从西周开始就实行宵禁制度，《周礼·秋官司寇·司寤氏》记载："司寤氏掌夜时，以星分夜，以诏夜士夜禁。御晨行者，禁宵行者、夜游者。"这种夜禁制度的实行主要有两个目的，一是顺应作息。古代的农耕生活，最大的特点就是"日出而作，日入而息"。古人认为昼为阳，夜为阴，阳动而阴静，所以每到夜晚就居家休息，不再外出。"日出而作，日入而息"的准则也为统治者所奉行，反映在城市管理上就是宵禁制度。二是维护城市治安和国家稳定。夜晚是抢劫、偷盗等犯罪行为的高发期，也为叛乱活动提供了掩护，而实行宵禁制度，派人不间断巡逻，能够减少犯罪，防止叛乱的发生。宵禁制度自周代确立后，为后世历朝历代所沿用，其中以唐代的长安城最为典型。长安城以击鼓为号，实行宵禁。唐政府在长安外郭城主干街道上设置街鼓，每天早晨五更时分，承天门击鼓，打开城门供行人出入；每天黄昏时刻，承天门击鼓四百下，城门全部关闭，鼓声再响六百下，坊门关闭，禁止夜行。《大唐六典》载："承天门击晓鼓，听击钟后一刻，鼓声绝，皇城门开；第一冬冬声绝，宫城门及左。右延明、乾化门开；第二冬冬声绝，宫殿门开。夜第一冬冬声绝，宫殿门闭；第二冬冬声绝，宫城门闭及左。右延明门、皇城门闭。其京城门开闭与皇城门同刻。承天门击鼓，皆听漏刻契至乃擎；待漏刻所牌到，鼓声乃绝。"如果在闭门鼓后、开门鼓前无故夜行，按照《唐律》规定，乃是"犯夜"，笞打二十。"六街尘起鼓冬冬，马足车轮在处通""六街鼓歇行人绝，九衢茫茫空有月"，刻画的便是长安晨晚街头的景象。

　　其次，城门开启有先有后。"开则先外而后内，阖则先内而后外。"

　　最后，城门钥匙的管理也有讲究。城门郎一般不准随身携带钥匙，而是把钥匙存放在城门东廊下，由门仆在规定时间送到城门郎手上。由于城门开启顺序和时间有先有后，门仆传送钥匙的时间也不一致。《旧唐书·志第二十三》记载："凡皇城宫城阖门之钥，先酉而出，后戌而入；开门之钥，后丑而出，夜尽而入。京城阖门之钥，后申而出，先子而入；开门之钥，后子而出，先卯而入。"

以上是说城门的正常启闭，如果遇到紧急情况，需在城门未开之时出入城门，则要经过几道程序。《大唐六典》记载："殿门及城门若有敕夜开。受敕人具录须开之门，宣送中书门下。其牙内诸门，城门郎与见直监门将军、郎将各一人俱诣阁门覆奏，御注'听'，即请合符门钥，对勘符，然后开之。"城门若有敕令在夜间开启，首先，受敕者须详细记录要开之门，将文书递送中书省和门下省；其次，城门郎和当值的监门将军、郎将一同到阁门上奏天子，请求批示；最后，核验鱼符开门。这种非常时刻开启城门的情况，体现出了城门管理的灵活性。

2. 宋代城门管理

宋代对城门开闭时间和人员出入管理更为严格，据《监门式》规定："宫城门及皇城门钥匙每去夜八刻出闭门，二更二点进入；京城门钥每去夜十三刻出闭门，二更二点进入。"如果不在规定时间开启城门，则要根据城门位置予以处罚，殿门杖九十，宫门及宫城门杖八十，皇城门杖七十，京城门杖六十；不按时关闭城门，则殿门杖一百，宫门及宫城门杖九十，皇城门杖八十，京城门杖七十。

城门钥匙并不放在守门人那里，而是放在皇宫大内钥匙库。《宋史》记载："神宗熙宁五年，诏西作坊铸造诸铜符三十四副，令三司给左契付诸门，右契付大内钥匙库。今后诸门轮差人员，依时转铜契入，赴库勘同。其铁牌只请人自执，在外仗止宿。本库依漏刻发钥匙，付外仗验，请人铁牌给付，候开门讫，却执铁牌纳钥匙，请出铜契。至晚却依上请纳。其开

门朝牌六面，亦随铜契依旧发放。时神宗以京城门禁不严，素无符契，命枢密院约旧制，更造铜契，中刻鱼形，以门名识之，分左右给纳，以戒不虞，而启闭之法密于旧矣。"各城门处只保管"左契"，也就是标注城

门名称的铜鱼符的左半部分。每当四更时分，执铁牌人拿着"左契"去大内钥匙库，同"右契"合验后才能取出钥匙，同时要留下"左契"作为凭证。等到开启城门后，执铁牌人再返回大内交还钥匙，取回"左契"。至此，城门开启程序才算完毕。

和唐代一样，宋代城门夜间关闭后，如果需要开启，也要经过请示，履行一道道程序。北宋司马光曾向仁宗上奏折，论夜开殿门城门之事："若以式律言之，夜开宫殿门及城门者，皆须有墨敕鱼符。其受敕人具录所开之门，并出入人帐，送中书门下。自监门卫大将军以下，俱诣阁覆奏，御注听，即请合符门钥。监门官司先严门仗，所开之门内外并立队，燃炬火，对勘符合，然后开之。符虽合，不勘而开，若勘符不合而为开及不承敕而擅开闭，若得出入者，剩将人出入，其刑名：轻者，徒流重者处绞。……自今宫殿门城门，并须依时开闭，非有急切大事，勿复夜开。必不得已须至夜开者，即乞陛下亲降手敕，加以御宝。受敕之人，仍写出入人帐，委宿卫当上之官众共验敕文真的，然后覆奏。候再见御批，方请门钥，与监门官亲自监开，依帐点阅人数，放令出入，即时下锁，进纳门钥。"

如果未经批准就擅自开门或者未按照程序开门，则要受到严厉的法律制裁。"诸奉敕以合符夜开宫殿门，符虽合，不勘而开者，徒三年。若勘符不合而为开者，流二千里。其不承敕而擅开闭者绞。若错符、错下键及不由钥而开者，杖一百。即应闭忘误不下键，应开毁管键而开者徒一年。其皇城门减宫门一等，京城门又减一等。"文献大意为，不检查门符就开门，即使门符为真，也要判处三年徒刑；门符不合而开门，流放二千里；不请示皇帝擅自开门，施以绞刑；等等。城门管理之严格可见一斑。当然，如果夜间突发走水、走火事件或者传来边防急报必须开启城门，而又不能马上请皇帝御批，这时城门的开启程序可以简化。比如，宋真宗大中祥符八年（1015 年），下诏"遣内臣分掌京城门钥，如汴水泛涨，防河军士至彼，并即开关点阅放过"。此诏书的下达，为夜间进入城门的防河军士提供了便利。

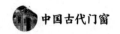

五、城门实例

在中国漫长的历史长河中，出现过大小无数座城市，每座城市都设有城门，构成了城市独有的名片。保存至今的古城门有许多，且看下面几例：

1. 正阳门

正阳门也叫前门，位于北京内城中央的轴线上，位置显要。正阳门是一座七开间加周围廊的两层殿堂，由城门楼、箭楼、瓮城和两座闸门楼组成。屋顶上铺设灰筒瓦，用绿琉璃瓦做边，柱子、门窗及墙体全部用红色。整体造型宏伟、端庄而不绚丽。箭楼位于正阳门南，楼高四层，面宽七间，屋顶为重檐歇山顶，也是覆盖灰筒瓦并用绿琉璃瓦做边。箭楼对外的三面每层都开箭窗。箭楼下城墙中央开设券门，与正阳门的券门一起处于中央轴线，专供皇帝通行。正阳门城楼与箭楼之间用圆弧形城墙围合成瓮城。瓮城东西两面的墙上分别设有券门，门上建楼，称为闸楼。闸楼高二层，宽三间，为单檐歇山顶，两层楼对外一面均设箭窗。城墙与城楼，加上门前的护城河，一起构成了牢固的防线。

2. 中华门

南京中华门，明代时称为聚宝门，是目前世界上结构最复杂、保存最完好的古城堡，是我国古代城垣建设的瑰宝。中华门建造从元代至正二十六年（1366 年）起至明代洪武十九年（1386 年），据说修建过程中遇见"海眼"，边建边塌，后来借来江南首富沈万三的聚宝盆埋了下去才最终建成，所以取名聚宝门。整座城门由石灰、桐油和糯米汁等混合物做黏合剂、垒砌巨砖而成，十分坚固。为了确保城砖质量，当时采取严密的检验制度，每一块砖都在侧面印上制砖工匠及监造官员的姓名，如果发现有不合格城砖，就立刻追究相关人员责任，因此城砖的质地细密坚实。中华门结构精巧，共有三道瓮城，四道券门，二十七个藏兵洞，两条登城和一条马道。最上层建造重檐庑殿顶式敌楼，可用来瞭望，观察敌情。其中藏兵洞不仅可以埋伏士兵，还可以储存物资，二十七个藏兵洞可以隐藏士兵三千人以上，实为古代创造性的军事设施。而每一道券门都配以千斤闸，一旦敌军闯进城中，落下千斤闸，就能切断敌军退路，彼时伏兵四出，即形成"瓮中捉鳖"之势。

3.苏州盘门

苏州盘门是全国唯一一座保存完整的水陆城门。盘门始建于春秋时期的吴国，因门上刻有木作蟠龙，以镇慑越国，所以称为"蟠门"，后因水流萦回交错，改名"盘门"。盘门由两道水关、三道陆门和瓮城组合而成。陆城门分为内外两重，两座门之间设有瓮城，可以埋伏士兵百人，以备突然出击之用。水城门紧邻陆城门，亦是砖石结构，分为内外两门，两门之间有暗道通往城楼。水陆城门都配有巨大的闸门，闸门采用盘车提升或降落，来控制过往行人和船只，便于设防守城。盘门因地制宜地将陆门、水门结合在了一起，易守难攻，为防御敌人进攻、保卫城市安全起到了极大作用。

第二节　宫　门

中华民族是一个有着悠久历史的民族，中国是世界四大文明古国之一。从秦始皇统一中国到辛亥革命推翻清王朝统治，封建君主专政制度在中国延续了两千多年。帝王手握至高无上的权力和无尽的财富，他们的宫殿和陵墓都是借助国家的力量修建起来的。在任何一个封建王朝，最重要的建筑都是宫殿。宫殿建筑庄严华丽，气势恢宏，高墙深院和重重宫门虽然令人感到压抑和渺小，但却显现了帝王的尊贵和威严。西汉初年萧何主持修建未央宫时所说的一段话，充分体现了这一思想："且夫天子以四海为家，非壮丽无以重威，且无令后世有以加也。"在封建时代，皇帝地位独尊，拥有至高无上的权力，这种特权不仅表现在他们所享受的待遇上，

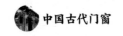

同时反映在社会的方方面面。而这种特权氛围在门的文化中有着显著的体现。

一、宫门数量

宫门是古代官式建筑中等级最高的门。一直以来，宫门的设置遵循着"天子五门"的规制，就是在皇宫的纵深轴线上设置五座宫门，不包括偏门和角门。《周礼注疏》引东汉郑众语说："王有五门，外曰皋门，二曰雉门，三曰库门，四曰应门，五曰路门。"又说："凡平诸侯三门，有皋、应、路。"这是说天子的宫室可以设皋门、雉门、库门、应门、路门五重大门，而诸侯只能设皋门、应门、路门三重大门。这种以门的数量和名称来表示建筑等级的做法，是我国古代建筑布局的重要原则。关于五门的解释，《古今图书集成》记载有一段文字："周制天子有五门，曰皋，曰库，曰雉，曰应，曰路。释者谓：皋者远也，门最在外，故曰皋。库门，则有藏于此，故也。雉门者，取其文明也。应门者，居此以应治也。路门者，取其大也。"可见，天子五门，每一座门的功能都各不相同。

唐代都城长安的皇宫大内就建有五重大门，从皇城大门朱雀门开始，自南至北分别有承天门、嘉德门、太极门、朱明门四重门。朱雀门相当于皋门，承天门相当于雉门，嘉德门相当于库门，太极门相当于应门，朱明门相当于路门。明清皇家宫殿的故宫亦用此制，从皇城大门到太和殿之前也是五座大门：天安门（皋门）、端门（库门）、午门（雉门）、太和门（应门）、乾清门（路门）。

"天子五门"的制度之外，又有"天子九门"的说法，《礼记·月令》："（季春之月）田猎罝罘、罗网、毕、翳、餧兽之药毋出九门。"郑玄注："天子九门者，路门也，应门也，雉门也，库门也，皋门也，城门也，近郊门也，远郊门也，关门也。"这是在皇宫五道大门之外，又增加上城门、郊门和关隘之门，凑成九五之数，以征天象。在我国古代，数字分为阳数和阴数，奇数属阳，偶数属阴。阳数之中，九为极数，五居中。《易经·乾卦》："九五：飞龙在天，利见大人。"孔颖达疏："言九五，阳气盛至于天，故云'飞龙在天'。此自然之象，犹若圣人有龙德、飞腾而居天位。"后世因此用"九五"来代指帝位，称帝王为"九五之尊"。不过，城门、郊门、关门显然已经不属于宫门了。

汉代宫室中门的数量，就常用"九五"之数，以象天极。据晋代潘岳《关中记》记载："未央宫，周旋三十三里，街道十七里。有台三十二，池十二，土山四，宫殿门八十一，掖门十四。"八十一座宫殿门，十四座掖门，一共是九十五道门，正合"九五"之数。而古代宫苑中设门之多，亦可从中窥其一斑。

门的数量的多少，不仅体现着宫殿规模的大小，也凝聚着封建礼仪制度，显示着帝王的至尊威严，因此历代统治者都极其重视门的设置，并不断地追求其建造的数量，越是等级高的宫殿建筑，门的数量就越多。比如唐代宫城太极宫，门的数量就远远超过实用性建筑的数量。根据《长安志》记载，太极宫中"门"的数目竟然达到了列名建筑的五分之三。北宋都城汴梁宫城内的门的数量，据《东京梦华录》记载，也大大超过了列名建筑。而明清时期北京的紫禁城，更是拥有"千门万户"。

从宏观意义上讲，一重门代表着一方领域，一道门又具有一定的意义，古代的帝王正是利用这种"门的设置艺术"，去应合天地、阴阳，在宫殿设置千门万户的。汉代班固《两都赋》记载："（建章宫）张千门而立万户，顺阴阳以开阖间。"唐代李峤《门》记载："奕奕彤闱下，煌煌紫禁隈。阿房万户列，闾阖九重开。"都是基于这种思维模式。

知识链接

天安门

天安门，明代时称为承天门，按古代"五门"之制，属于"皋门"。天安门由城楼和城台两部分组成，城楼为木结构建筑，上覆黄琉璃瓦重檐歇山式屋顶；城台下开有五座城门，居中的门洞最高、最大，左右两个门洞略低，最外侧的两个门洞最低。在天安门前有一条金水

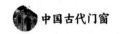

河，河上建有五座石桥，称为金水桥。五座石桥居中的那一座最长最宽，专门供皇帝行走，所以又称为御桥。天安门是明清两代皇帝颁布诏书的地方，凡遇新帝登基、皇帝大婚或者祭天、祭地等重大庆典活动时，都要在天安门举行"颁诏"仪式，称为"金凤颁诏"。此外，皇帝御驾亲征或大将出征也要在天安门前祭路、祭旗。

二、进出宫门的规定

宫门是宫城的门面，是出入皇宫大内的通道。宫门的管理关乎皇帝的安危，也涉及天朝的威仪，昭示着礼制等级。因此，历代进出宫门的管理都十分严格。

旧时宫门由专门人员负责守卫，后世通称守门人为阍人。皇宫守卫者的职责，在《周礼·天官冢宰·阍人》中就有明确描述："阍人掌守王宫之中门之禁，丧服、凶器不入宫，潜服、贼器不入宫，奇服、怪民不入宫。凡内人、公器、宾客，无帅，则几其出入。以时启闭。凡外、内命夫、命妇出入，则为之辟。掌埽门庭。大祭祀、丧纪之事，设门燎，跸宫门、庙门。凡宾客亦如之。"阍人守卫宫门，最主要的职责就是执行门禁。穿丧服、拿凶器、衣服内穿铠甲的人不准入宫；奇装异服、精神失常的人不准入宫；携拿公家器物外出的人不予放行。如此一来，可将不轨之徒拒之门外，确保宫廷安全。

宫禁门前也设门棍。据清代福格《听雨丛谈》卷十一记载："禁门两傍，皆列朱棍二根，长三尺余，围圆六七寸，上圆下方，俗称榔头，清语曰穆克申。谨按天命五年六月，命树二木于门外，有欲诉者，书而悬之木，览其颠末而按问焉。然则此棍乃纳言之标，非御侮之械也。按禁门司启闭稽出入者，太和门用亲军营，顺贞门及内廷各门用内府护军营，紫禁城以内用上三旗护军营，皇城及外栅门用五旗护军营。各门列木棍处，俱有护军二人席地趺坐，虽王大臣出入，亦不起立，惟祝版、实录、玉牒百官望阙谢恩，则鸿胪预唱穆克申起立，然后兴起，其谨严之制如此。"这种"俗称榔头"的红色棍杖，宫门外皆有设置，除了具有纳言的意义，也用于打人。据清嘉庆年间《国朝宫史续编》所载"紫禁城门禁令"规定："每门设红杖二，以护军二人更番轮执，坐门下，亲王以下经行，皆不起立。有不报名擅入者，挞之。"

皇宫的大门朝启夜闭，门钥的管理也有严格的制度。《国朝宫史续编》卷四十八所载的门钥制度是这样的："恭遇皇上乘舆出入，各门均启中门。每夕，景运门直宿司钥长率官军至后左门、后右门、中左门、中右门、左翼门、右翼门、太和门、昭德门、贞度门以次验视扃鐍。午门，以隆宗门护军参领；东华门，以苍震门护军参领；西华门，以启祥门护军参领；神武门，以吉祥门护军参领，分视扃鐍华，各遣护军校纳钥于司钥长，受验诸门钥，汇贮于箧，复加扃钥。诘朝，各门校领钥以次启门，日以为常。"每当夜晚皇城诸门关闭之时，相关人员各司其职，负责锁闭指定的宫门，各门的钥匙统一上交司钥长，由司钥长检查诸门钥，确认无误后将钥匙装入箱子，并加上锁具。第二天早晨，再由各门护军校领取钥匙开启宫门。

门禁虽严，但禁止的只是通行，并不是出入。宫内、宫外的人进出宫门，守门者凭什么决定放行呢？自然是入门的凭证，这凭证就是门籍，也叫通籍。《三辅黄图》注解说："通籍，为记名于门，通出入禁门也。籍者，为二尺竹牒，记其年纪名字物色，悬宫门，案省相应，乃得入。"清代袁枚的《随园随笔》写道："汉制，司马一人守宫门，记公卿之年貌，号曰门籍，以通其出入。……然今制内外官引见，部院各堂官带领者，先以粉牌，俗称'绿头签'进御。签书某官、某

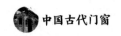

姓名，背书年若干岁、某省某县人、由某出身、历某官，一一开列，盖即古竹牒之遗。新进士亦然。"有门籍，是一种身份的象征，是进入仕途的标志。如果无门籍擅入，或假冒他人门籍进入，则要处以擅闯罪。擅闯宫门者判徒刑两年，擅闯殿门者判徒刑两年半。此外，根据规定，如果官员请病假或者被停职，都要注销门籍。请假，是主动的，没有过失，因此只需在宫门注销门籍；停职是被动的，"注籍"要贴在自家门上，带有惩戒之意。

那么，帝王进出宫门是否需要遵守什么规定呢？皇家的规矩百密而无一疏，复杂得很，即使是皇帝也不能凌驾于门禁制度之上。皇帝进出宫门要遵循两种制度，一种是勘契，另一种叫勘箭。

唐宋时规定，开启殿门要验对鱼契，称为勘契。宋王应麟《玉海·器用·皇祐文德殿鱼契》中记载："皇城司上新作文德殿香檀鱼契。契有左、右，左留中，右付本司；各长尺有一寸，博二寸八分，厚六分；刻鱼形，凿枘相合，镂金为文。车驾至门，勘契官执右契奏，阁门使降左契，勘契官跪奏勘毕，奏云：'外契合。'"鱼契是用檀木刻成鱼形，一分为二，两相契合，一半存在宫内，另一半存在门使处。只有鱼契相合，才能打开大门。

勘箭之制始于宋代，与勘契十分相似。据《玉壶清话》卷二载："太祖初郊，凡阙典大仪，修讲或未全备，至于勘契之式，次郊方举。大礼毕，銮辂还至阙门，则行勘箭之仪，内中过殿门，则行勘契之仪。勘箭者，其箭以金铜为镞，长三寸，形若凿枘。其笴香檀木为之，长三尺，金镂饰其端，以绛罗泥金囊韬之，金吾仗掌焉。其镞以紫罗泥金囊贮之，驾前司掌焉。每大驾还，阖中扇，驻跸少俟，有司声云：'南来者何人？'驾前司告云：'大宋皇帝。'行大礼毕，礼仪使跪奏曰：'请行勘箭。'金吾司取其笴，驾前司取其镞，两勘之。罢，即奏曰：'勘箭讫。'有司又声曰：'是不是？'赞喝者齐声曰：'是。'如是者三，方开扉分班起居迎驾。"箭镞、箭杆，就像卯眼、榫头，分别由驾前、金吾掌管。皇帝车驾行到宫门前，要行勘箭之礼，箭镞和箭杆相契合，还要赞唱，然后才打开宫门迎驾。

门籍、鱼契和箭解决的是什么人可以进出宫门的问题，此外，还有一个怎样进出宫门的问题，这就是进出宫门相关的礼仪，主要有两点：

一是出入哪个门，走哪个门洞。这关系身份地位的高低贵贱，是必须严格对待的。以明清故宫为例。帝后大婚时，皇后乘坐的喜轿由大清门进入，一路经天安门、端门、午门、太和门、内左门、乾清门等正门，最后在乾清宫落轿。至于其他妃嫔，则由神武门入宫。同是嫁给皇帝，后妃等级区分之严格，通过入由何门清晰地体现了出来。再说走哪个门洞。皇宫大门一般为三个门洞或者五个门洞，居中的门洞均处于都城的中轴线上，只供皇帝出入。比如北京天安门有五个门洞，中间最大的券门供皇帝行走，两侧稍矮的券门供宗室王公使用，最外面的两个券门供文武官员通行。

二是宫门前下马停车。来到帝王大门口，乘轿者下轿，骑马者下马，这是规矩，不得违反。为了彰显帝王威严，也为给众大臣提醒，专门在宫门外设置下马碑。《明会典》记载："官员人等至皇城四门下马牌边横过俱下马。"下马牌即下马碑，皇城四面设有多处下马碑。见了下马碑，任何人都要下马，若是特准不下马，那就是一种礼遇。据清代阮葵生《茶余客话》记载，大臣年六十五岁以上，可骑马入紫禁城。准骑者由东华门入至箭亭下马，由西华门入至内务府总管衙门前下马。

三、宫门的设置及装饰

宫门要体现皇帝"普天之下，唯我独尊"的思想，首先气势上要足够磅礴，外观看起来宏伟壮观。这就要求它要占据一定的空间，有一个相对大的体量。因而，宫廷建筑中的门殿在开间数量上要多于其他类型的建筑。而且木结构的建筑往往建造在高大、平整的台基上。将建筑建在台基上，一来可以防水、防潮，避免建筑受损，二来可以起到衬托、装饰的作用。

宫殿建筑一般使用须弥座台基，这样更能凸显皇家建筑的威严和华丽。须弥座也叫金刚座，是台基的一种形式，由佛教中的佛座演变而来。宫殿中较为重要的建筑基本都建立在须弥座上，在建筑的总体造型上采用以小衬大、以低衬高等方式突出主体。比如天安门和午门均为城楼形式，基

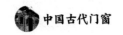

座高达 10 米以上，使整座门殿看起来极为壮观。而次要建筑的台基就相应简化和降低高度，以确保主要门殿的突出地位。乾清门等内廷大门也多建在须弥座上，以衬托门的庄严。

隋唐时期，须弥座开始流行，并逐渐成为宫殿、寺庙等高等级建筑专用的基座，造型也慢慢丰富和华丽起来。相比于一般的台基，它的形体和装饰更为复杂。它的侧面上下凸出，中间凹入。中间凹入的部分称为束腰，就像人体纤细的腰部。束腰上一般雕刻巴达马（蒙语"莲花"）做装饰。须弥座台基上往往设置石栏杆。栏杆中栏板与栏板之间的立柱称为望柱，望柱由柱头和柱身两部分组成，柱身大多不做雕饰，柱头雕刻形式丰富多样。望柱头以龙凤为最高级，其次是二十四节气，二十四节气望柱是在柱头上雕饰二十四道纹样，表示一年中的二十四节气，象征着帝王对农业的重视。狮子、莲花、葫芦、如意等形式的望柱头也十分常见。

宫门的开间，根据等级的不同分别采用九、七、五、三开间的形式。

拿明清北京故宫来说：天安门为皇城正门，等级较高，面阔九间，进深五间；太和门是外朝宫殿的正门，面阔九间，进深四间，规制同午门相似；乾清门为内廷正门，等级显然低于外朝大门，面阔五间；宫内的门基本为五开间。

屋顶大多铺设琉璃瓦。琉璃瓦是我国传统建筑中覆盖屋面的上等材料，广泛应用于皇家宫殿、庙宇建筑中。它主要有黄、绿、蓝、黑四种颜色，不仅起到装饰的作用，还有着鲜明的封建政治色彩。在我国古代的五行学说中，黄色属于正色（因为中央属土，土为黄色），因此黄色代表着中央方位，是尊贵地位的象征。宫殿中的主要建筑均用黄色琉璃瓦铺设屋顶，彰显皇家气势。次要建筑的琉璃瓦用色则比较灵活。

宫殿门前的设置不同于其他建筑门前的设置。故宫许多殿堂门前都摆设着一种肚大口小，外加兽面铜环的大缸。这种大缸在古代叫作门海，意为门前的大海。古人认为门前有大海就不怕火灾，因此设置这些大缸来镇火避灾。平日，人们在缸内装满水，以备消防之用。这些大缸的材质不同，有铁、铜、铜鎏金三种，其中铜鎏金的等级最高，一般摆放在太和殿与保和殿两侧，以及乾清门前。

华表是宫殿建筑前面另一种具有装饰和衬托作用的设置。现存的宫殿建筑门前都能看到华表的存在，比如天安门前树立着一对柱状华表，为天安门增添了不少艺术色彩。天安门前的这对华表，均为汉白玉石质，柱身上雕饰着云龙纹，顶部的兽头，名为"望君归"，寓意帝王要多关心政治；门后华表上的蹲兽头，称作"望君出"，是希望帝王能够走出宫廷，去民间体察民情，了解民生疾苦。

日晷是我国古代的一种计时仪器，在秦汉时期就已经十分流行。它利用太阳的投影与地球自转的原理，根据指针所产生的阴影的位置来指定时间。日晷也是宫殿建筑门前的一种设置，象征着王权，寓意帝王控制着宇宙的时间。

嘉量，是古代的标准量器，放置在宫殿门前，象征帝王秉事公正。

知识链接

戟　门

　　戟门是宫殿建筑中一种很特殊的门。它是由古代的仪仗演变而来的。古时举行大朝礼时，仪仗队中每人手拿一支戟（我国古代特有的一种兵器，是戈和矛的合成体，既可以直刺，又可以横穿）。后来人们将仪仗中的人撤掉，只留下戟陈列在门前，以显示皇家威武雄壮的气势。设戟于门，所以称为戟门。如今北京故宫的太和门到太和殿广场东西各有一排排列规则的白石方砖，每隔一米砌嵌一块，每行约有一百块，这些方砖便是当初仪仗队的站位，称为"仪仗墩"。

四、故宫的门

北京故宫是明、清两代的皇家宫殿，建成于明永乐十八年（1420年）。宫城内有九千多座建筑，围合成大大小小的四合院，组合成庞大的宫殿建

筑群。正因如此，出现
了各种宫城门、院落
门，这些门大小不一，
形式多样，组成了故宫
中门的系列。

1. 午门

午门是故宫的正
门，由于它居中向阳，
位当子午，所以称为午

门。午门建于明永乐十八年，嘉靖三十一年（1552年）焚于火，第二年
按原样重建，此后经过多次重修，但一直保持原状。午门是一座城楼式
大门，坐落在高大的城墙上，大殿面宽九开间，为重檐庑殿式屋顶，屋
顶上铺设黄色琉璃瓦，这种屋顶样式是明清所有殿顶中最高的等级。九
开间的面宽在宫殿中算是多的了，比如天安门、太和殿均为九开间，太
和殿在康熙年间重建时加了周围廊才变成十一开间。午门采用阙门形制，
正面城门楼两侧伸出的两翼上分别建有一座正方形阙楼，均采用重檐琉
璃瓦顶，两座阙楼之间连着十三间廊屋，从整个布局来看，午门是一座
有五座殿阁、坐落在三面环抱形城墙上的大型城楼，外观形若朱雀展
翅，所以又得名"五凤楼"。午门造型宏伟壮观，确实具有宫城南大门的
气势。

午门的主要用途是作为出入宫城的通道，因此在城楼下的城墙上开设
了五座城门，三座位于正面，两座位于左右两端。正面三座城门的中央门
洞是御道，为皇帝所专用，此外，只有皇帝大婚时，才允许皇后乘坐的喜
轿从此门进宫；各省举人赴京参加殿试，考中状元、榜眼、探花者可由此
门出宫，这算是朝廷给予的特殊礼遇了。平时大臣上下朝，文武官员走正
面的东门，宗室王公走正面的西门。边侧的两座掖门平时关闭，只有皇帝
在太和殿举行大朝，朝见的文武官员增多时才使用。此外，皇帝在保和殿
举行殿试时，如应试举人数量众多，也会使用掖门，各省举人根据在北京

汇考时的名次排列，按照单双数分别从掖门出入宫城。五座城门各有其用途，等级划分也十分严格，因此它们的高低与宽窄都有明显的差别，中央门洞最大，左右依次递减。

午门除了作为宫门的功能外，还是皇帝颁发诏书、下令军队出征，以及大军凯旋后向皇帝敬献战俘的地方。每当遇到这类活动时，都在午门城楼上的正中央设置御座，皇帝端坐其中，面向城楼下齐聚的文武大臣、出征将士。这场面的确具有威慑力。

民间流传着"推出午门斩首"的说法，好像午门外广场是对死刑犯执行斩首的地方，实际上这种说法是不符合史实的。明清时期，一般是在北京城南的菜市口对死刑犯执行斩首，午门的外广场只是对犯法官员实施杖刑的地方。根据明史中的一段记载，万历年间，有两名翰林和两名刑部官员先后向明神宗上书状告大学士张居正，因明神宗十分信任和看重张居中，故而愤怒不已，不问是非曲直，下旨将这四名官员押出午门外实施杖刑。两名翰林分别受杖刑六十大板，并被罢黜官职降为平民；两名刑部官员则因上书言辞激烈而受杖刑八十大板，被发配边远省区充军，其中有一名犯官因受刑过重而当场昏死。实行这种杖刑，虽然也有因行刑过重导致死亡的，但这只是极少数的情况，因为午门外的广场毕竟不是执行死刑的地方。

午门是北京故宫朝南的主要大门，在故宫的东、西、北三面还分别有一座城门，即东华门、西华门和神武门。这三座城门同午门一样也是城楼式大门，城墙上的大殿也是覆盖着庑殿式琉璃瓦顶，只不过它们都不是三面环抱式的阙门形式，面宽也不是九开间，而是七开间。

2. 太和门

故宫的建筑布局大体可以分为前后两个部分，前部分是皇帝上朝和处理政事的宫殿群，称为"前

朝";后部分是皇帝及后妃、皇子等日常生活居住的地方,称为"后宫",也叫作"后寝"区。前朝部分占据面积广大,宫殿雄伟壮观,集中体现出封建王权的威严,这里主要有太和、中和与保和三座大殿,而太和门正是太和殿前面的大门,属于前朝部分的大门,因此它的地位仅次于故宫四面的城门。

太和门是一座九开间的殿式大门,坐落在汉白玉石料制作的台基上,台基的正面并列有三个台阶,居中的是专供皇帝上下的御道。大殿之上覆盖重檐歇山式屋顶,这种屋顶样式的等级仅次于重檐庑殿式屋顶。太和门的两侧分别开设一座门,东面的称为昭德门,西面的称为贞度门。两座门均为五开间的殿式门,用的都是单檐歇山式屋顶,在它们和太和门之间有廊屋相连。这两座门的体量比太和门小,屋顶形式也比太和门低一等级,因此对太和门起到陪衬的作用。

太和门除大殿本身外,还在台基前设置四座铜鼎,殿前左右两侧各设一个铜狮子。太和门前的这对铜狮子蹲立在两层台座之上,体量之大在故宫内位居第一,为太和门增添了气势。太和门在午门的北面,两座大门之间有一座宽阔的大广场,在广场偏南的位置,金水河自西向东蜿蜒流过,河上并列架着五座石桥,中央石桥为皇帝所专用,尺寸最大。

太和门除了作为出入前朝的通道之外,在固定时期还具有其他功能。前朝的太和殿是朝廷举行皇帝登基、大婚等重大仪式的地方,每逢元旦、冬至等节日,皇帝还要在这里接受群臣朝贺,也就是所谓的上大朝。上大朝礼仪繁多,皇帝亲临大殿,殿前广场上汇聚庞大的仪仗队伍,群臣黎明之前就聚集在午门外候朝,午门开启后,排长队到太和殿前等待朝圣。这类大朝自明代中期以后开始减少,代之而起的是另一种朝会形式——常朝,即皇帝不来太和殿而直接去太和门听取群臣禀报政务,颁布旨意。每当常朝之时,百官先在太和门前金水河的南面排列成对,等到皇帝驾临太和门、群臣跪拜之后,再依次过金水桥,从太和门台基的东西两侧,经特设的台阶进入门内面圣。这种在太和门内听政的形式叫作"御门听政",于是前朝的太和门又具有了供皇帝上朝听政的功能。

一座九开间的殿式大门,坐落在华贵的白石台基上,前有铜鼎、铜狮点缀,两侧有昭德、贞度门陪衬,面临广阔庭院,太和门虽不如午门雄伟,但它也充分彰显了前朝大门应有的气势。

3. 乾清门

乾清门是连接前朝和后宫的重要通道,是内廷后三宫(乾清宫、交泰殿、坤宁宫)的正门。后宫与前朝相比自然居于次要地位,所以就礼制而言,其大门要比前朝的大门低一等级。乾清门和太和门一样也是殿式大门,但是它只有五开间,远比九开间的太和门小;屋顶为单檐歇山顶,也比太和门屋顶的等级低;下方的石基座也比太和门的低矮;门前左右的铜狮虽然表面镀有金色,但体量比太和门前的小,神态也不如太和门前的狮子雄威。总之,乾清门的形制要比太和门低一个档次。不过,乾清门毕竟是后宫的门面,总不能看上去缺乏气势,所以特地在大门两侧加建了两座影壁。壁顶为黄色琉璃瓦庑殿顶;下面用琉璃砖筑成须弥座;中间的壁身部分用砖砌造,表面为红色灰面,壁心及四角用琉璃花装饰,黄绿相间的花叶在红色墙面的映衬下显得自然逼真,华美艳丽。经过这样装饰的影壁呈"八"字形坐落在乾清门两侧,使这座内廷的大门看起来也颇为庄严、气派。

清代雍正皇帝即位之后,由乾清宫移住养心殿,乾清宫便成为皇帝处理日常政务的地方,但为了精简礼仪,有时也在乾清门听政,这样一来,内宫大门同前朝大门一样,也成为"御门听政"的处所了。

4. 院门

在故宫的内廷部分,除了位于中轴线上的乾清宫、交泰殿、坤宁宫等几座主要殿堂之外,还有许多连片的小宫殿群组,包括供皇帝举行宗教活

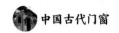

动的场所和休息、娱乐的园林、戏台，供皇太后、后妃以及皇子等居住的宅院，以及各种服务用房。这些建筑虽然规模不是很大，但都自成院落，且有门沟通内外空间，这种建筑群组院落之门统称为院门。

院门的形式通常为两侧立砖造门礅，礅上放横梁，横梁上设斗拱和屋顶，横梁下装双扇木板门，门礅下建有石质须弥座。此外，门礅两侧分别连着一座影壁，影壁也设置斗拱和屋顶，下有琉璃须弥座。影壁的高度低于门礅，但高于院墙，形成了中央高两边低、一主二从的完整院门形式。院门和影壁的屋顶均覆盖黄色琉璃瓦，屋檐下的斗拱也是由琉璃制成，横梁外用琉璃砖包砌，门礅、影壁的中心和四角都雕刻了琉璃花卉。这些琉璃构件除瓦顶全部使用黄色以外，均为黄、绿二色相间，它们同红墙、白台基组合成鲜艳的色彩，极具装饰效果。这一主二从、造型端庄的院门，加上悬挂在中央屋檐下刻写着宫殿名称的字牌，呈现出故宫内院门的标准形式。

后宫东部的斋宫是皇帝每年出宫行祭天祀地典礼前在宫城内行斋礼的地方；后宫西部的养心殿是帝后的寝宫，清雍正皇帝以后，这里更是成为皇帝召见群臣、处理政务的地方。斋宫和养心殿这两组重要院落用的都是上面所说的院门，养心殿门外的两侧还设置了两只铜狮，斋宫门前虽然没有狮子，但却有一对铜缸，这是为预防火灾而准备的水缸。当然如果宫殿真的失火，这两缸水恐怕也起不到什么作用，不过它们倒成了门前的装饰品，为斋宫院门增添了不少气势。

5. 随墙门

故宫内院落众多，各院落之间高墙壁垒，因此院落的门都开设在墙上。殿式门和院门也是开在墙上的门，只不过它们属于独立式大门，门比墙高，院墙两边与大门相连。但大部分的门是附属在墙面上的，这种直接开在墙上的门叫作随墙门。

随墙门样式众多，最普遍的一种形式是在墙面开方形门洞，在门洞两侧用砖紧贴墙壁砌出门磴，门磴上设横梁和屋顶，门磴下有一层石质基座。横梁和屋顶均铺设琉璃砖瓦，门磴上也使用琉璃装饰。更简单的一种形式是只在墙上开一个方形门洞，门洞上方设置木横梁，梁表面贴附琉璃砖。这种门一般用于普通的隔墙，并不作为一组建筑群组的大门。

随墙门也有较为复杂的形式。比如宁寿宫群组的第一道院门——皇极门就是一座随墙门。在高大的院墙上设有三个并排的发券圆拱形门洞，在门洞两边用砖砌造门磴，门券上有琉璃横梁和屋顶。因为中央门洞比两侧门洞要大，所以其屋顶也稍微高于两侧的屋顶，同时在三座屋顶之间用更低的小屋顶进行联系，从而令三座门洞组合为一个整体，形成三门并列、上有大小不一的七座屋顶的大型随墙门。虽然这些门磴和屋顶只是贴附在墙上的一层装饰，但是整体形象比一些独立式院门更有气势。

📚 知识链接

神武门、东华门、西华门

神武门是故宫的后门，明代时称为"玄武门"。到了清代，为避康熙帝玄烨名讳改名为"神武门"。神武门是宫内日常出入的门禁，清代皇后行亲蚕礼就是从这道门出入，此门还是清代秀女入宫之门。

东华门与西华门遥相呼应，两门形制相同，平面为矩形，有红色城台、白玉须弥座，城台中央辟三座券门，券洞外方内圆。东华门是清代帝后去世后灵柩出城所经之门，又被称为"鬼门"。

西华门外是皇家园林西苑（中南海），清代帝后游幸西苑，一般都由此门出宫。

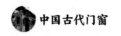

第三节 牌 坊

一、牌坊的缘起

牌坊是我国古代一种门洞式的纪念性建筑物。牌坊的产生和发展同三种建筑物息息相关，它们分别是华表、阙门与衡门。

华表起源于尧舜时代，在当时叫作"谤木"，是竖立在交通要道上供百姓写谏言的木柱。秦始皇统治时期，为了加强专制统治，将华表废除。汉代时重竖华表，但没有恢复其纳谏功能，只是将其立在官署驿站和通衢大路上，作为一种标识性建筑，作用相当于今天的路标。唐宋以后，华表逐渐演变为一种具有纪念意义和装饰作用的柱子，用在官署和陵墓前方，并改用石制，就其建立的意义而言，与今天的牌坊无异。

阙门也叫门阙、两观、象魏，最初指的是在出入口两侧加建的楼观，用于警戒瞭望，作用相当于现在的外大门。《名义考》中说："古者宫廷为二合于门外，作楼观于上，上圆下方，两观相植。中不为门，门在两旁，中央阙然为道。"秦汉时期，阙成为流行的装饰性建筑，广泛应用于宫殿、陵墓前。此时的阙有两种形制，一种是在两阙之间连以门，阙和门形成一个整体，类似后来的棂星门牌坊。在成都出土的汉代画像砖上，已经可以看到形状近似后世牌坊的门阙了，这种阙后来发展得更加高大雄伟，更加重视自身的装饰功能，以烘托庄严、肃穆的气氛。另一种是独立的双阙，与门完全脱开，比如今天山东省嘉祥武梁祠石阙、河南省登封太室祠石阙均为无门的双阙。这种阙，两阙往往相隔七至八米。因为多用于祠庙和陵墓前，中间的空道被称为神道，所以这种阙又名神道阙，后来演化为单纯的纪念性建筑，也就是牌坊的前身。

衡门与牌坊的起源关系最为密切。衡门出现的时间最迟可以追溯到春秋中期，是我国有确切记录的最古老、最简单的门。到了汉代，原始衡门不断改进，将衡门纵向、横向拉大，并在上方加盖檐顶，形成了牌坊的雏形——乌头门。乌头门的形成有两个来源，除了刚才提到的衡门，另一个就是华表。在两座华表之间架上一根横梁，再安上大门，就是一座庄严、气派的乌头门了。乌头门是身份和地位的象征，多用作贵族宅邸与寺庙建筑等大门或者院门。乌头门盛行于汉代，到了唐代被称作表揭、阀阅，宋代时则叫作棂星门。关于棂星门的由来，历史文献记载，棂星即"灵星"，也就是天田星。古人认为灵星主农事，每年举行灵星祭祀，祈祝丰收。西汉初年，汉高祖刘邦下诏立灵星祠，将灵星祭祀正式列入官方祭祀。北宋时期，宋仁宗要建造用于祭祀天地的"郊台"，置"灵星门"，由于门为木制，且门上用窗棂装饰，为了与"灵星"区别开来，便将门命名为"棂星门"，之后各个时期的重要宗庙建筑，全部采用棂星门做装饰。比如一些重要的佛寺庙观大门前均设置棂星门，表示对佛道的尊重。其实，从基本的构造形式上看，乌头门、棂星门和牌坊几乎是一种建筑，只是所处的位置及用途存在差异，因此以不同的名称来区别。比如，曲阜孔庙前同时应用了棂星门和牌坊，二者的建筑构造基本一致，只是名称有别而已。

牌坊，是官方的一种称呼，在民间人们称它为牌楼。不过，严格说来，二者还是略有差别的。牌坊没有"楼"这一组成部分，也就是说没有斗拱和屋顶。但是，由于二者都是我国古代具有纪念、装饰、表彰、标识和导向作用的一种建筑物，而且它们又常用于宫殿、寺庙、祠堂、陵墓、衙署等地，再加上长期以来人们对"坊"

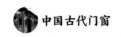

和"楼"概念的区别认识模糊，常常混淆，因此到最后"牌坊"和"牌楼"就成了对同一事物的两种不同叫法了。

二、牌坊的发展

既然牌坊起源于华表、阙门和衡门，那么它是如何一步步演变为后来专门的表彰性、纪念性建筑呢？这要从我国早期的城市规划制度说起。

现在我们已经无法看到先秦时代的城市风貌，不过通过有关文献记载，可以知道周代的城市实行的是闾里制。那时候，天子直接管辖的地域叫作"王畿"，王畿细分为"国"和"野"两部分，"国"就是王城，王城之内称为"国中"，王城附近的区域称为"郊"，即郊区，"郊"往外稍远一些的地区称为"野"，也就是农村。郊区居民的基层组织方式是五户为"比"、五"比"为"闾"；农村居民的基层组织方式是五户为"邻"、五"邻"为"里"。"闾""里"均为二十五家，古人常常连用。闾里的周围设有高大的围墙，便于封闭式管理；闾里的门叫作里门，居民均由里门出入，里门一般不得直接对大道开门。

闾里制一直沿用到汉代。东汉末年，曹操规划建设邺城，开始实行里坊制。邺城中修建了一条横贯东西的大道，将全城分为南北两部分，北部为宫殿、禁苑以及贵族居住区，南部是被纵横交错的棋盘式街道分隔成方形的居民区，也就是坊。坊有围墙，且开设坊门。

隋唐时期是里坊制的鼎盛期，尤其是唐代，里坊制已经相当完善。据《旧唐书·职官志》记载，当时以一百户为一里，五里为一乡，在西京长安、东京洛阳以及全国其他城市，都将城内的区域划分成若干个坊进行管理，每坊均有专门的人员负责，称为坊正。此外，又实行邻保制，以四家为一邻，五邻为一保，每保设保长，对坊内居民加以管理。

坊多为长方形布局，四周筑造高达三米的坊墙，用来保卫坊内居民的安全，同时起到与外界隔绝的作用。"坊"与"坊"之间也有砖墙相隔，坊墙中央开设坊门，供人们出入。每个坊一般有两到八个坊门，门的样式为乌头门。坊门都是跨街而建，以便坊内、坊外的人们沟通往来。

坊门和城门一样有着规定的开放和关闭时间，除了每年朝廷允许的几个重要节日可以通宵开放外，其余时间都要遵守宵禁制度，按时启闭。坊门是人们每天的必经之地，所以这里通常是人流最多、最热闹的地方，也是适合发布消息的场所。官府的布告及私人的文告常常张贴在坊门上，功能类似今天的信息公告板，在唐代大诗人白居易的《失婢》中就有"宅院小墙库，坊门贴榜迟"的诗句。坊内的居民若是在德行方面做出令人称道的行为或是科举考试取得功名等，官府都要在坊门上张贴公文予以表彰，这种做法在当时称为"表闾"。表闾之制是牌坊主要功能——旌表的重要来源。

在唐宋时期，坊是城市居民的基本居住单位，唐代的坊如上文所述管理比较严格，而且坊与当时的商业区"市"（现在的交易市场）严格区分，一般市内不住居民，坊内也不设店铺。到了宋代，由于城市经济的发展和繁荣，坊和市的界限逐步被打破，里坊制被废除。在经济比较发达的城市，官府开始准许居民临街设店，尤其是在城市的繁荣地带，人们纷纷拆毁坊墙，将住宅改造为店铺，以获取经济利益。后来，居住区内的坊墙也大多被拆除了，如此一来，就只留下坊门孤零零地矗立在街口。由此坊门与坊的旌表用途保留下来，并演变成牌坊这样一种独特的纪念性表彰建筑。

牌坊，从早期形制乌头门开始一直都是一间，到了唐宋时期，由于街道的宽度不断扩大，坊门的跨度也随之加长，发展到四柱三间。因为当时的坊门主要是木制的，而坊门又是重要的表彰性建筑，所以人们越来越重视其外部装饰，在坊门上设飞檐及斗拱，增强坊门的庄重感和神圣性。

在元代时出现了石制牌坊。到了封建社会统治的巅峰——明清时期，牌坊也达到了它的鼎盛期，不管是制作工艺和数量，还是社会影响力，都远非之前的任何一个朝代可以相比，当然，这种局面的出现离不开明清统治者的大力倡导。当时，牌坊的修建和管理全部由朝廷主持。明洪武二十一年（1388年），湖广襄阳人任亨泰在殿试中被擢为进士第一，明太祖朱元璋下令建造状元坊予以表彰，这是第一个由皇帝下旨建造的状元坊，由此开创了由政府批准修建牌坊的先例。自此以后，牌坊就同封建礼

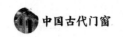

教和皇帝恩宠联系在了一起。

在等级制度森严的古代中国，立牌坊绝对是一件隆重和光荣的事情，当时的人们都以被立牌坊为荣耀。获此殊荣的人不仅名誉、身价倍增，社会地位也会获得很大的提升。

三、牌坊的结构

牌坊大致由底座、立柱、额枋、字牌和檐顶五部分组成。

1. 底座

底座是牌坊的基础，分为地上和地下两部分，露出地面的部分和立柱的下部相连。因为牌坊是不连墙体的独立建筑，为了使它巍然屹立，经受得住风吹雨淋，地下的地基部分必须牢固深埋，深度通常达几米，若是体量高大的牌楼，地下的地基部分深度要达十米以上。为了防止牌坊头重脚轻，增强牌坊整体的稳固性，地上的地基部分还有与立柱相连的有一定体积和重量的"依柱石"。依柱石即"门枕石"，其形态各异，有的为扇状、云朵状，有的为倒狮形、坐狮形，还有的为鼓形。依柱石在石牌坊和石木混合牌坊上使用得比较多，而很少用在木牌坊上。

2. 立柱

立柱是牌坊起支撑作用的构件，牌坊上的各大横向构件全部穿搭在立柱上。立柱主要有圆柱和方柱两种形态，圆柱多用于木牌坊，而方柱多用于石牌坊。为了增强立柱支撑的强度，防止立柱断裂，一些楼顶宽大、花式繁复的高大华贵牌楼，还要在立柱内侧再设一根小立柱，这根小立柱在石牌坊上叫作"梓框"，在木牌坊上叫作"槏柱"。为了加强牌坊抵御风雨的能力，有些牌坊在正背两面的立柱两侧及下方使用"戗柱"，戗柱斜插入地下，上部牢牢抵住立柱上端，用来支撑立柱，加强立柱的稳固性。戗柱多见于木牌坊，而极少应用于石牌坊。

立柱在牌坊中除了起到承重和支撑的作用，还直接决定着牌坊的形制规格。按照我国传统，一般把两柱之间的门洞称为间，两根柱子称为一间，三根柱子称为两间，以此类推。正中的一间叫作"当心间"，又称

"明间"，当心间两侧紧邻的间叫作"次间"，再靠边上的间叫作"稍间"。柱以偶数增减，间呈奇数变化。常见的规格有：两柱一间牌坊、四柱三间牌坊、六柱五间牌坊等。牌坊还根据立柱出头与否分为冲天式（出头）和非冲天式两大类。

3. 额枋

额枋是牌坊上将立柱与立柱连接成间的横梁，是反映牌坊意义最重要的构件，牌坊的旌表和装饰功能在这一部分得到了充分体现。额枋主要由小额枋、大额枋、平板枋、垫板等部分组成。额枋的数量并不固定，随造坊者财力的强弱、权势的大小以及牌坊造型的繁简而有所不同，少的只有两柱两枋，多的可达五六枋。额枋的形态也不相一致，有直而方的，有扁圆而微拱的（称为"月梁"，俗称"冬瓜梁"）。由于额枋特别是当心间的额枋跨度大、负重大，为了避免额枋折断，常常在额枋和立柱的垂直交接处安装"雀替"，来承托额枋，缩短额枋的跨度，减少额枋的负重量。

4. 字牌

字牌是牌坊上用来题刻牌坊名称、建坊目的、造坊者等文字的石板，是牌坊所包含的历史文化内涵的主要承载处。以最常见的四柱三间坊为例，通常是在当心间上做一块高约 1 米、长度随间宽的字牌，在牌上书写正文，在左右的次间字牌上是小字的注文与题写者的落款。有的牌坊在正文字牌的上方再立一块相同的字牌，写上一些称颂之词，比如"乐善好施"等。再往上是紧贴在檐下的竖着的小字牌，上写"圣旨"二字，字旁雕满龙凤图案，这是中央的当心间。两侧的次间会相应地递减一层字牌和额枋，来突显主题牌坊。

5. 檐顶

檐顶主要是对牌楼而言的，由斗拱和出檐两部分构成。斗拱是牌楼中最为复杂的构件。斗拱本来用于屋檐下，是起挑檐和分担屋顶重量作用的功能构件，但是到了唐代，斗拱已经演变为一种装饰品，使用数目的多少，成为牌楼主人身份和权势的标志，斗拱越多越复杂，就越表示建筑物

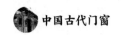

和建筑物主人身份尊贵。斗拱用于牌楼上，虽然具有一定的结构功能作用，但是主要作用还是烘托牌楼。斗拱在木牌楼中应用得比较广泛，通常是重叠累加，多在三跳到五跳之间，即三层到五层，在石牌楼中层叠的数量也是二跳至三跳，即二到三层。

牌楼的檐顶常用出檐结构，其作用主要有两个，一是使牌楼显得更加华贵美观，二是保护牌楼，防止楼身和牌楼脚下的土地被雨水淋湿浸坏。牌楼的屋顶主要有两种形式，一种是悬山顶，一种是庑殿顶，其中以庑殿顶居多。

四、牌坊的类型

牌坊的类型可以从牌坊的建筑材料、功能性质等方面进行划分。

根据建筑材料的不同，牌坊主要分为木牌坊、石牌坊、砖牌坊、木石混合牌坊、砖石混合牌坊、琉璃牌坊等形式。

1. 木牌坊

木牌坊是牌坊中最早出现的一种形式。木牌坊以木构架为主，分为立柱上冲和立柱下冲两种形式。前者如北京原西交民巷牌坊，面阔三间，上覆悬山式顶盖，立柱顶端高于顶盖。后者如北京北海永安寺前牌坊，面阔三间，为庑殿顶，立柱顶端不冲出顶盖。木牌坊的立柱一般为圆柱，柱脚多使用夹杆石，起到稳固的作用。

木牌坊往往使用油漆彩绘做装饰。民间牌坊上彩绘的技法、内容和色彩搭配比较自由活泼，官式牌坊上彩绘的技法和设色规则基本仿照木构殿堂式建筑，有的比木构殿堂还要丰富瑰丽。

2. 石牌坊

石牌坊比木牌坊常见，因为石牌坊所用材料坚固，更容易留存。石牌坊虽是石材筑造的，但却仿照木构样式。其形制大致包括三种：一是一间二柱式，可分为立柱出头、无楼和立柱不出头、一楼两种；二是三间四柱式，可分为立柱出头、无楼制，立柱出头、三楼制，立柱不出头、无楼制，以及立柱不出头、三楼制等；三是五间六柱十一楼式，一般立柱不出

头。石牌坊的基座常常
做成须弥座形式，立柱
一般为方形、长方形和
八角形。为了加强牌坊
的稳固性，底座的地上
部分还有与立柱相连的
依柱石。依柱石多为扇
形、云朵形，有的雕成
坐狮、倒爬狮，有的雕

成抱鼓石。每一座石牌坊都可以视为一件优美的石雕工艺品。

3. 砖牌坊

砖牌坊主要分布在四川、湖南、江西、安徽、浙江等长江以南地区，一般作为会馆、祠堂、文武庙及住宅等建筑的大门，民间称为"牌坊门"。牌坊门的造型大致包括有柱和无柱两种。有柱式牌坊门是在墙面上砌出砖柱子及额枋等部件，一般为一间或三间。无柱式牌坊门数量较多，建有瓦顶，有的设置小砖斗拱或垂脊等部件，下砌龙凤板，上面可以题字，再向下就是门洞。砖牌坊是南方最常用的大门，但是留存下来的基本是砖门坊，独立的砖牌坊并不多。

4. 木石混合牌坊

木石混合结构牌坊同时具有木牌坊、石牌坊的某些特征。比如位于江苏省苏州市的北塔胜迹牌坊，就是一座典型的木石混合牌楼。该牌楼建于明万历四十二年（1614 年），是一座四柱三间五楼重檐牌楼。其立柱及立柱前后的依柱抱鼓石均为石质，而额枋、字板、斗拱和檐顶等则是木质。在北塔胜迹牌坊身上，木牌坊和石牌坊的建筑结构特征完美地结合在一起，使北塔胜迹牌坊成为别具特色的建筑艺术珍品。

5. 砖石混合牌坊

砖石混合结构牌坊是在吸纳砖、石各自优点的基础上产生的。广东省佛山市的褒宠牌坊是现存砖石混合结构牌坊中较有代表性的一座。该牌坊

的主要材质是灰沉积岩和青砖，基座、立柱、额枋均用石材制成，斗拱以及各拱之间的装饰构件均由精美的砖雕组成，既有浮雕，又有透雕，雕刻图案多种多样，有"龙凤呈祥""二龙戏珠""鱼跃龙门""宝鸭穿莲"等，寓意吉祥。整座牌坊集中体现了佛山的建筑艺术和雕刻艺术，具有较高的历史文化价值和艺术价值。

6. 琉璃牌坊

这种牌坊均为有楼的琉璃牌楼，是以砖墙为实体，在砖墙体的表面贴盖黄绿两色琉璃面砖和琉璃瓦修建而成的。琉璃牌坊璀璨夺目，华丽珍贵，是牌坊中规格最高的一种，主要用于宫殿、园林等皇家建筑以及和皇家关系密切的寺庙。在明清时期，除了皇家建筑和特赐的建筑外，任何人不得建造琉璃牌坊。琉璃牌坊是牌坊中数量最少的一类，调查显示，目前我国仅存十三座琉璃牌坊，其中北京有十座，河北承德有两座，山西介休有一座。

 知识链接

太和岩牌楼

太和岩牌楼位于山西省介休市东北部的北辛武村，是目前我国仅有的一座民间琉璃牌坊。该牌楼建造于清光绪二十三年（1897 年），为四柱三门三楼头琉璃砖石结构。顶为单檐歇山造顶，铺以黄绿相间的琉璃脊瓦和吻兽；柱基座为石制须弥座；柱中用琉璃雀替；柱头、柱底均用琉璃烧造不同形态的花卉、瑞兽等。整个建筑绚丽华贵、庄重典雅。

从功能性质上分类，牌坊主要有功名坊、道德坊、陵墓坊及门式坊等类型。

1. 功名坊

功名坊是为旌表过去在科举、政绩和军功等方面取得盖世成就、做出突出贡献的人物而修建的。这类牌坊起源很早，秦汉时就已经存在。古代修建功名坊主要有两大用意：一是对功臣进行褒奖，给予一种名誉上的奖励，用来鼓舞其他大臣为皇帝的江山社稷竭忠尽力；二是在社会上起到一种教化的作用，告诉世人，朝廷是绝不会忘记那些为国家做出贡献的人的。由此可见，当时的统治者用意之深。留存至今的功名坊有许多，著名的如山东省蓬莱戚家牌坊，该牌坊兴建于明朝嘉靖年间，是为表彰戚继光父子在平定倭寇的战争中立下的卓越功勋而修建的。

2. 道德坊

道德坊主要用来表彰在忠孝节义等方面有良好表现的人物，是封建统治者维护封建伦理纲常的主要手段之一。道德坊中，以表彰贞节烈妇和孝子贤孙的最多，这两类牌坊大多建于明清时期。当时封建统治高度强化，统治者对人们思想文化的控制极其严格，这在牌坊上得到了充分体现。比如安徽省徽州地区只有六个县，保存至今的牌坊却达上千座，其中道德坊占了很大一部分。安徽省歙县被称为"中国牌坊之乡"，从最早的贞白里坊到封建时代的最后一座牌坊——贞烈砖坊，这里至今留存着八十多座道德坊。

3. 陵墓坊

陵墓坊又称为墓坊、墓道坊，是牌坊中的一种特殊类型。古代的皇家陵寝，为了显示帝王的权威和皇家尊贵的身份，增加陵墓肃穆庄严的气氛，都十分注重陵墓

外部的装饰，而牌坊是其中重要的组成部分。此外，一些高官显宦、文人墨客等为了彰显身份和凭吊纪念，也都喜欢在陵墓前修建壮丽气派的牌坊装点门面。陵墓坊中的佼佼者莫过于明十三陵石牌坊，这是我国现存最大、最古老的石坊建筑。

4. 门式坊

门式坊是比较讲究的一种随墙门做法，一般是用石料做成门框，在门框两侧用砖石砌出壁柱，门框的上方做门罩同壁柱相连，形成一种贴附墙面的牌坊状装饰。门式坊在宅院中往往做成单开间，但也有一些获取功名的富户为了光耀门庭，表现大门的气势，将牌坊装饰做成三开间甚至五开间的。门式坊在南方也广泛应用于寺庙、会馆以及祠堂等公共建筑，通常是做成三至五开间。三开间和五开间的门式坊，除了在当心间开设门洞外，一般还在两端开两个小门。一些公共建筑还会特意将牌坊部分升高，突出于墙面，形成一座下部贴着墙面、上部完整的随墙式牌楼门，甚至还贴着壁柱做抱鼓石。这种做法在江西、安徽省一带比较普遍，湖南、湖北、四川省等地的寺庙、祠堂大门，也有类似的做法，不过牌楼的造型不是砖雕而用灰塑，并施以大量色彩，看起来有些花哨，不如砖雕门式坊雅致。

五、典型牌坊

1. 许国石坊

许国石坊又名大学士坊，坐落在安徽省歙县境内，是一座规模宏大的南派牌坊。许国石坊的坊主名许国（1527—1596），字维祯，嘉靖四十四年（1565 年）进士，历任

少保兼太子太保、礼部尚书、武英殿大学士等职，是嘉靖、隆庆、万历三朝重臣。万历十二年（1584 年），许国因平定叛乱决策有功，受到朝廷的褒奖，后来回到老家歙县建造了许国石坊。

整座牌坊结构严谨，布局合理，形制为国内所罕见。牌坊为石质仿木构造建筑，由前后两座三间四柱三楼和左右两座单间双柱三楼式石坊组合而成，平面呈口字形，四面八柱，因此又称八脚牌楼。牌坊东南西北四个方向的内外侧，均雕刻精美的图案花纹：东面雕"鱼跃龙门"，表示坊主许国是科班出身、进士及第；内侧雕"三豹喜鹊"，即"三报喜鹊"，寓意许国在万历年间得到三次升迁。南面雕"巨龙腾飞"，象征皇帝南面而王，表示许国对皇帝的忠诚；内侧雕"鹰雉獦发"，即"英姿焕发"，颂扬皇帝年轻有为。西面雕"威凤祥麟"，歌颂当时社会文化昌盛；内侧雕"龙庭舞鹰"，以"舞鹰"谐音"武英"，暗示许国武英殿大学士身份。北面雕"瑞鹤祥云"，表示天下太平，同时寓意许国品格高洁；内侧刻"鹿鸣图"，借《诗经·小雅·鹿鸣》篇意，寓意许国身为礼部尚书，常会嘉宾学子，鼓瑟吹笙，生活儒雅。

牌坊的四面都有题字，前后两面的顶层和侧面的第三层，正中央镶嵌着双龙盘边的匾额，上写"恩荣"两字，表示皇帝赐予的"恩典"和"荣光"。底层四面额枋上分别镌刻"大学士"三字。前后两面的小枋上则有"少保兼太子太保礼部尚书武英殿大学士许国"字样。第二层枋上还有题字"先学后臣"，意思是先认真学习方能成为国之重臣。又有题字"上台元老"，暗示许国为三朝重臣。许国牌坊上的这些题字都是馆阁体、擘窠书，皆出自明代著名书画家董其昌之手，字体工整端庄、美观大方，字迹至今清晰可见。

跨街而立的许国石坊，雄伟雅致，奇异独特，实为我国牌坊建筑史上的绝唱。

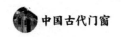

"八脚牌楼"的传说

许国石坊是我国独一无二的八脚牌楼。关于八脚牌楼的兴建，民间流传着一个饶有兴味的传说。据说当年徽州达官显贵、乡绅巨贾众多，四脚牌楼林立。徽州地方官和许国的门生认为，造一座四脚牌楼根本无法显示许国的荣耀，因此执意建造了八脚牌楼。当时万历皇帝批了许国三个月的假让他造坊，但许国拖了七八个月才回朝复命。回朝之后，他跪在殿上低头不语，万历皇帝见他不说话，责备他说："朕给你三个月的假期回乡造坊，为何延为八月？造坊这么久，别说四脚，就是八脚也造好了。"许国听了，忙磕头谢恩，说自己建的正是八脚牌楼。万历皇帝听了哭笑不得，只好糊里糊涂地认可了。就这样，许国所造的八脚石坊"合法化"了。

2. 万古长春坊

万古长春坊，民间俗称"五门牌坊"，坐落在山东省曲阜孔林（孔子及其后裔的墓地）的神道中段。该牌坊初建于明代万历二十二年（1594年），是一座六柱五间五楼式的石牌坊，这是只有皇帝才能享有的规格，一般臣民最高只允许用四柱三间式。孔子是除封建帝王以外，唯一享受这一待遇的平民，这也是给予这位中国古代最杰出的思想家、教育家的最高褒奖。万古长春坊设飞檐斗拱，明间的额枋居中位置刻着"万古长春"四字，意为孔子思想万代不衰。雍正年间重修牌坊时，雍正皇帝特意命人在四字旁侧加刻"奉敕重修"等字样。牌坊中间的柱子上浮雕盘龙，其他柱上也有浅雕纹饰图案，雕刻精美，柱根前后均设抱石鼓。在抱石鼓的两面雕有盘龙、舞凤、麒麟、骏马等瑞兽，形象逼真。此外，抱石鼓上雕琢着千姿百态的小石狮子。宏伟的气势、精湛的工艺，使万古长春坊丝毫不亚于帝王的陵墓坊。牌坊的两边分别有一座建于明代嘉靖年间的御碑亭，东亭碑题"大成至圣先师神道"，西亭碑题"重修阙里林庙"。

3. 古隆中牌坊

古隆中牌坊位于现今湖北省襄阳市西部，是全国重点文物保护单位。三国时期著名政治家、军事家诸葛亮青年时代曾在这里隐居躬耕，使隆中成为闻名中外的人文景观。晋代时，镇南将军刘弘便来到隆中瞻仰诸葛亮故宅，凭吊纪念并立碑旌表。唐代以后，隆中陆续建造起"武侯庙""武侯祠"等纪念性建筑。

古隆中牌坊坐落在武侯祠右前方，是一座四柱三间五楼式仿木结构石牌坊。牌坊建于清光绪十六年（1890 年），高约 6 米，宽约 10 米，正面明间字碑上刻着"古隆中"三个楷书大字，两侧次间字碑上刻着"澹泊明志""宁静致远"八个大字。两根中柱上镌刻着唐代著名诗人杜甫颂扬诸葛亮的名诗"三顾频烦天下事，两朝开济老臣心"。牌坊背面明间字碑上刻着宋代大文豪苏轼对诸葛亮的评语"三代下一人"，两根中柱上刻着杜甫《咏怀古迹五首》之五中的两句诗："伯仲之间见伊吕，指挥若定失萧曹。"匾额和楹联生动形象地概括了诸葛亮一生的功绩和才德。

4. 棠樾牌坊群

棠樾牌坊群位于安徽省歙县棠樾村东北部，由七座牌坊组成，以忠、孝、节、义的顺序相向排列，旌表棠樾村文人义士的功德。牌坊群几乎全部采用石料，一改以往以木结构为主的特点，石料选用质地优良的"歙县青"，使牌坊群坚实挺拔、恢宏华丽。

七座牌坊中，三座建于明代，四座建于清代。明代所建三座牌坊分别为鲍灿孝行坊、慈孝里坊和鲍象贤尚书坊，三坊皆为三

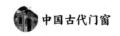

间四柱三楼结构。前二坊为卷草型纹头脊式（屋檐式），后一坊为冲天柱式。其中慈孝里坊是牌坊群中最高的一座，也是建造最早的一座，被视为棠樾村精神的象征。清代所建四座牌坊为鲍文龄妻节孝坊、乐善好施坊、鲍文渊继妻节孝坊和鲍逢昌孝子坊。四坊均为冲天柱式，结构类似，雕刻丰富。其中鲍文渊继妻节孝坊是为旌表鲍文渊继妻吴氏"节劲三冬"而建。按照"孔孟之道"，继妻是不能立坊的。但吴氏在丈夫去世之后立节守志，尽心抚养继子，年老之后又倾尽家产为亡夫维修祖坟，当地官员被其事迹感动，遂打破常规，为她建造了一座规模宏大的牌坊。只是坊额上"节劲三冬"的"节"字，把草头与下面的"卩"错位雕刻，以示继室与原配地位不同。

棠樾牌坊群给后人留下一座座古代建筑艺术的精品，同时作为历史的见证，为研究明清时期的政治、文化、建筑艺术等提供了珍贵历史文物。

第四节　垂花门

垂花门是我国古建筑中一道亮丽的风景线，主要流行于明清时期。因其檐柱不落地，垂吊在屋檐下，形成垂莲短柱，柱端有一垂珠，往往彩绘为花瓣的形式，所以称为垂花门。

垂花门广泛应用于传统宅院、府邸、园林、寺观以及宫殿建筑群。在宅院、府邸建筑中，垂花门常常作为二门，开在院落的内墙垣上，分隔和联系内外宅。旧时人们常说的"大门不出，二门不迈"，这二门指的就是垂花门。垂花门坐落在整个院落的中轴线上，界分内外，装饰精美，是全宅最醒目的地方。在园林建筑中，垂花门除了用作园中之园的入口，还常常开在墙面作为随门，设置在游廊通道口时又以廊罩形式出现，起到划分景区、隔景以及障景等作用。

一、垂花门的种类

垂花门的种类有很多，常见的有一殿一卷式、独立柱担梁式、单卷棚式以及廊罩式垂花门等几种。

1. 一殿一卷式垂花门

一殿一卷式垂花门是最普遍、最常见的垂花门形式，它既应用于宅院、寺观，也常见于园林建筑。这种垂花门由前檐柱、中柱、金柱、后檐柱、一座屏门和两个屋顶组成。"殿"是指从正面看，垂花门有一个带清水正脊的悬山式屋顶；"卷"是指从背面看，垂花门有一个卷棚悬山顶式屋顶。两个屋顶相交，形成勾连搭的形式，十分秀气。前檐柱为垂柱，中柱处设有棋盘门或攒边门，后檐柱处设有屏门。垂花门常与两侧抄手游廊相连，两侧看面墙上安装什锦花窗。

2. 独立柱担梁式垂花门

独立柱担梁式垂花门多用于园林中，由前檐柱、金柱、中柱、后檐柱、一座屏门和一个屋顶组成。前檐柱为垂柱，金柱处设有棋盘门或攒边门，后檐柱处设有屏门。屋顶为悬山式卷棚顶，规模比一殿一卷式垂花门高大一些。

独立柱担梁式垂花门是垂花门中构造最简洁的一种，它只有两根中柱，梁架与中柱十字相交，中柱承托着悬山式屋顶，前檐柱、后檐柱均为垂莲柱。从侧立面看，整座垂花门就像一个挑夫挑着一副担子，所以人们形象地称它为"二郎担山"式垂花门。

3. 单卷棚式垂花门

单卷棚式垂花门主要用于宅院、府邸的中门处。其整体结构与一殿一卷式垂花门相似，麻叶抱头梁穿过前檐柱，上面承接前檐檩，下面和垂花柱交叉。不同的是，单卷棚式垂花门只有一个整体的卷棚式屋顶，而一殿一卷式垂花门有两个屋顶。

4. 四檩廊罩式垂花门

四檩廊罩式垂花门一般见于园林建筑，常和游廊串联在一起，作为横穿游廊的通道口。这种垂花门多采取四檩卷棚的形式，垂花柱向外挑出，

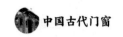

且挑出长度与长廊上出相等。多数廊罩式垂花门的垂花柱装饰是前后对称的，但也有一部分只有一面。

5. 其他种类的垂花门

传统建筑的垂花门，除了上述几种常见的类型外，还有一些特殊形式，同样富有特色。比如颐和园画中游墙垣入口处的垂花门，是在独立柱担梁式垂花门的基础上，将上架部分做成前后出厦的十字形平面形式，使单开间变为显三间。又如颐和园长廊东端的邀月门为卷棚歇山式，北海北岸徽观堂的垂花门为重檐歇山式。此外，还有一种室内的垂花门，为毗卢帽形式，比如乾清宫东西暖殿的垂花门就是这种形式。

二、垂花门的装饰

垂花门是一种装饰性极强的建筑，我国传统建筑中的装饰手段如雀替、门墩、雕刻、彩绘等，几乎都可以在垂花门上看到。丰富多彩的装饰，使垂花门成为珍贵的建筑艺术品。

1. 雀替

雀替也叫"角替""托木"，通常被放置在建筑物立柱和梁枋相交的地方，起到承重的作用。明清以后，雀替的功能性作用逐渐减弱，装饰效果日益突出。垂花门上有时也用雀替做装饰，通常位于垂柱内侧，左右各一个；有的位于垂柱外侧和后檐柱外侧，两两对称；还有的设置在垂柱间，样式为骑马雀替。

2. 看面墙

看面墙是垂花门两侧分隔内外宅院的矮墙。垂花门的看面墙，在装饰方面或是采取砖雕的形式，或是采取什锦窗的形式。垂花门什锦窗的形状多种多样，主要来自各种造型优美的器皿、花卉、果蔬和几何图形等，如笔架、玉壶、扇面、玉瓶、寿桃、梅花、石榴、五方、六方等。

3. 门墩

门墩是垂花门的一个重要装饰。门墩和门枕石连为一体，放置在垂花门门口两侧，用来加固中柱。以门槛为界，内侧是安置门扇的门枕石，外侧是带雕刻装饰的门墩。门墩通常由汉白玉雕刻而成，形状以圆形和方形为主。雕刻图案内容丰富，主要有"松鹤延年"、"麒麟献宝"、"鹤鹿同春"、荷花、如意草、宝相花等，象征福寿吉祥。

4. 雕刻

雕刻是垂花门的主要装饰手段。体现垂花门建筑特色的垂莲柱，常常在倒悬的柱头上雕饰风摆柳、仰复莲、四季花等图案。在两垂柱之间有连拢枋和罩面枋，二枋之间经常安装花板，花板上通常有精细透雕的吉祥纹样。在罩面枋下经常安装花罩，上刻"万福万寿""子孙万代"等图案。如果不安装花罩，则在罩面枋两端设雀替，在雀替上刻蕃草、如意草。檩枋之间通常设垫板，但很多时候将垫板取消，代之以荷叶墩，上刻吉庆有余、琴棋书画等纹样。角背往往做成倒置的荷叶形状，上刻荷叶脉络花纹，或者雕成卷草浮雕图案。梁头、穿插枋头等突出部分，一般雕成麻叶云。门簪正面，常常雕刻四季花等图案。

5. 油饰彩绘

油饰彩绘也是垂花门装饰的重要手段。住宅中的垂花门通常不做彩绘，只涂刷红绿油漆，或在枋檩的两端掐箍头，做简单的彩绘。园林中的垂花门则广泛应用彩绘装饰。垂花门中的彩绘以苏式彩绘和旋子彩绘为主。苏式彩绘多用于园林中的垂花门，旋子彩绘则主要用于宫殿、坛庙、寺院等建筑的垂花门。苏式彩绘内容丰富，题材多样，常在檩、枋等构件上画花鸟鱼虫、自然山水、人物故事等。经过精心装饰的垂花门，使宅院、园林看起来更加美丽多姿。

第五节　园林门

我国古代园林是一种自然山水型园林，这类园林注重应用山水、植物和建筑来营造诗情画意的境界，使人们获得身体和心灵的双重愉悦。

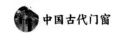

园林建筑同宫殿、庙堂、住宅相比，既有相同也有不同之处。它们的共同点在都是以木构架为结构体系的建筑，均是以群体形式而不是单体形式出现。不同之处是宫殿、庙堂和住宅的布局严格恪守礼制，强调严整而有序，中轴对称，以中为上，重要建筑皆位于中轴线上；而园林建筑的安置则比较灵活，强调以创造景观为主，讲求建筑与建筑，建筑与山水、植物之间的对应关系，不要求有一定之序。在建筑类型上，因为园林的主要功能是供人休息、娱乐，所以园林建筑以厅堂、楼阁、亭、榭、廊、桥等为主，而很少有殿堂。正是基于以上这些特点，园林建筑的门窗出现了一些新的形式。

园林中的门造型精美，种类繁多，按照门的基本结构可以分为有门扇（可启闭、不可启闭）和无门扇（洞门）；按照门的空间位置可以分为园门（如园林围墙上的门、园中园的门）和园林建筑门（如厅堂中的隔扇门）；按照门的风格造型可以分为牌楼门、垂花门、月洞门、拱券门等。

一、园林大门

根据空间属性的不同，园林大门可以分为园林外围的门和园中园的出入口两种。园林外围的门又有大门、侧门、后门等不同的设置，有的大型园林还在不同方向设大门，比如颐和园就设有东、南、西、北等多处园林大门。根据造型风格的不同，园林大门可以分为屋宇式和墙垣式两种。屋宇式园门包括殿堂门、王府门、宅门、牌楼门、拱券门等样式，墙垣式园门有洞门、垂花门等类别。

我国古代的园林主要采用形式不同的屋宇式园门作为园林大门。北方皇家园林的王府式大门华丽高贵，气势宏伟。江南园林的砖雕牌楼式大门清新素雅，雕刻细腻。北方园林中的园中园，采用装饰华丽的垂花门作为园门。江南园林园区内则常采用形态各异的洞门作为园门。

二、牌楼门

园林中的牌楼门有砖质和木质两种。江南园林一般采用砖雕牌楼门作为园林大门。砖雕牌楼门有两种基本形式：一种大致保留牌楼的形态，相当于把牌楼建在门墙上；另一种是在门的上部建造牌楼式的门罩。江南园林砖雕牌门楼工艺十分精美，砖雕门头的各种结构仿照木结构的装修工艺。门楼一般用青砖筑造，采用磨砖雕花工艺，素雅的色彩、高挑的屋角以及玲珑剔透的砖雕，使整座门楼显得挺拔秀丽、庄重大方。砖雕工艺多用于门头、门楣等位置，雕刻内容主要是各种寓意吉祥的图案，如"福在眼前""天官赐福"等，图案造型生动形象。

木质牌楼门常见于北方园林，比如颐和园苏州街的"冲天牌楼"门，牌楼结构精巧，色彩艳丽，造型宏伟，极富气势。

三、洞门

园林的院墙和走廊、亭榭等建筑物的墙上常常设有不装门扇的门洞，称为洞门或什锦门。洞门除供人出入外，在园林艺术上还常常作为取景的画框，使人在观景过程中不断获得生动的画面。洞门通常不具备门的防卫功能，而主要用来划分和界定空间，装饰性也很强。小院一般都在洞门后放置石峰，植竹丛及芭蕉之类，形成一幅幅小品图画。洞门还能够使空间相互穿插渗透，起到增加风景深度和扩大空间的效果。

洞门的样式丰富多彩，有方形、圆形、六角形、八角形、海棠形、梅花形、葫芦形、贝叶形、如意形、汉瓶形等多种形状，其中每种又有不少变化。这些洞门的大小比例和形状要与墙面大小及空间环境相一致。洞门上角，简单的只雕刻海棠纹，复杂的常加角花，类似雀替；有的雕刻回纹、云纹等，构图多样。洞门的形式和比例同房屋、墙面以及空间环境有关，比如在分隔主要景区的院墙上，一般开设简洁且直径较大的圆洞门和

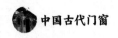

八角洞门等，便于人们出入。

形态各异的洞门与洞门的对景组成各种框景，即使园林景观变化无穷，又让单调的粉墙不至于过分封闭，洞门的优美轮廓又增添了墙面的装饰性。比如扬州何园片石山房景区，游人在洞门框景的引导下，穿过千姿百态的洞门，像在迷宫一般曲折迂回行进，时而看到一进花园，时而遇到一池碧水，时而又走入一座庭院，仿佛在翻开一页页精致的画卷，趣味无穷。

月亮门

园林中的圆形门洞，因其形状类似圆月，所以称为月亮门，也叫月洞门或满月门。月亮门主要开设在分隔园林空间的院墙上，也有安设在亭子或厅堂侧墙上的。月亮门不设门槛，上方往往视情况悬挂一个横向匾额。月亮门具有极好的框景效果，比如拙政园梧竹幽居亭的四面均开设月亮门，如环相套，如镜对影。透过圆形门洞，山林、楼台、水池、花木皆在动静之间变幻无穷。就像亭内对联所说："爽借清风明借月，动观流水静观山。"

第六节　寺庙祠堂门

一、佛教寺院门

佛教寺院的大门，称为山门。之所以有此称呼，是因为古代寺院大多建在山中。山门通常是三门并立，因此又叫作"三门"。"三门"暗合"三解脱门"，即空门（中）、无相门（东）、无作门（西）。佛教认为，入三解脱门，就能获得解脱。所以，山门被视为佛界和俗界的分界线。

山门的三道门一般呈现为空门高、无相和无作门低的布局。除了举行大型的佛教庆典外，空门一般是紧闭不开的，香客及游客只能由无相门和无作门出入。这三座门多做成殿堂式，或至少将中间的一座做成殿堂式，称为"山门殿"或"三门殿"，殿内往往有两尊大金刚力士像。殿堂式山门的形制一般为单檐歇山顶、单檐悬山顶或庑殿顶，傍山而建的寺院有时也采用牌坊式的山门。

有些寺院规模不是很大，为了节省空间，直接把山门和天王殿合二为一，结果就形成了兼具山门和天王殿特点的建筑，常见的做法是在天王殿大门两侧分别开设一个小窗，或者开设两扇大门，凑成"三门"之数。山门通常坐北朝南，但也有因为地势朝向其他方向的。

现在列举一些典型的佛寺大门，来观察它们的形态。

五念门

一般寺庙的山门是"三门"，但有的寺庙山门是"五门"，这种山门叫作"五念门"。佛教经典《往生论》中说，西方净土有五门，分别为礼拜门、赞叹门、作愿门、观察门和回向门，合称"五念门"。

1. 独乐寺山门

独乐寺位于天津市蓟州区，始建于唐代，是我国现存最早的木结构建筑之一。相传安禄山发动"安史之乱"时，就是在这里举行誓师大会，由于他喜欢独乐，因此以"独乐"二字命名该寺。独乐寺山门面阔三间，进深两间，为典型的唐代风格，是我国现存最古老的庑殿顶山门。山门上的牌匾据说是明代严嵩所题。山门内有两尊高大的金刚力士像，即所谓的哼哈二将，是辽代彩塑珍品。山门的台基上矗立着20根粗大的木柱，4根角柱柱头略向内收，柱脚微出向外，是我国古代工匠创造的"侧脚"技法，

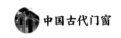

用于稳定结构，防止建筑外倾。独乐寺山门正脊的鸱尾，长长的尾巴翘转向内，仿佛雉鸟飞翔，栩栩如生，是我国目前所有古建筑中历史最悠久的鸱尾实物。

2. 五台山佛寺门

山西省的五台山是我国佛教四大名山之一，这里汇集了诸多佛教寺庙，塔院寺和罗睺寺都是五台山著名的寺院。塔院寺最前方的天王殿也是寺院的山门，面宽三开间，木构架四周用砖墙围起，正面墙上设有券窗和圆券门，屋檐下有斗拱支撑着单檐歇山式屋顶，大殿位于两米高的台基上，外观稳重而敦实。罗睺寺前面的院墙上开有一座单开间小山门，而真正意义上的大门还是位于最前面的天王殿。罗睺寺天王殿的造型和塔院寺天王殿大体相似，也是三开间的砖墙，有券窗、券门和单檐歇山屋顶，只是尺寸比塔院寺天王殿要小些，在它的屋顶正脊中央装饰有琉璃烧制的双鹿听佛，使整座殿堂看起来既敦实又华丽。

3. 普陀山佛寺门

浙江省普陀山是舟山群岛中的一座小岛，也是我国佛教四大名山之一，岛上现存三座大佛寺和几十座小禅院。三大佛寺之一的普济寺，最前方的御碑殿也是寺院的山门，共有五开间，中央三间装有格扇门，屋顶为重檐歇山式，双层屋檐的四角翘得很高，使整个造型显得极为轻巧。著名的法雨寺也是天王殿和山门合一，同样为五开间，重檐歇山屋顶，不同的是这里的天王殿殿身全部用砖墙包围，中央开间设置券门。在大殿的左右两侧还有两座院门，它们和天王殿组合在一起，同样表现出不同于北方寺院山门的风格。

普陀山的数十座小禅院，为合院式的建筑群体，前面围以院墙，院墙上开设大门。通常是把大门处的院墙升高，门洞上专门用砖和灰塑筑成的门头做装饰，门头的中央镌刻禅院的名称。在素洁的院墙上开设的一座座装饰华丽的门头构成了普陀山上一道亮丽的风景。

4. 嵩山少林寺大门

河南省嵩山少林寺是我国久负盛名的佛教寺院，被誉为"天下第一名刹"。其山门是一座面阔三间的单檐歇山顶建筑，门前用青石砌成十七级台阶，门两侧开有一对掖门。山门建造于清雍正十三年（1735年），门上有一块长方形匾额，上写"少林寺"三字，是康熙皇帝亲笔所题。山门内有一尊泥塑弥勒佛坐像。弥勒佛后面是护法天神韦驮像，其作用是保护寺院安全。山门前有石狮一对，雄雌相对，虎视眈眈。石狮两侧有一对石制旗座，是少林寺僧兵插旗的地方。山门两侧还立有两座石坊，形制相同，均为双柱单孔庑殿顶建筑。

5. 西藏佛教寺庙大门

在我国古代，西藏地区由于"政教合一"制度和多山地的特征，佛寺建筑基本上接连成片，而不采用中轴对称的合院形式，至于佛寺的大门，则有的独立，有的和殿堂合一。位于拉萨的著名佛寺大昭寺，其山门和三界殿结合在一起，下方是门，上方是殿，左右两侧同达赖、班禅以及摄政王的公署相接，两侧公署向前突出，大门退后，加上屋顶上金色的法幢、卧鹿法轮的装饰，使寺院大门显得极为华丽和富有气势。

二、道教寺院门

道教是我国土生土长的宗教，道教的寺院在布局与建筑形式上和佛寺并没有很大的差别。四川省梓潼文昌宫是一座比较著名的道教寺院，供奉的是文昌帝君。文昌帝君又称梓潼帝君，是道教中的神名，主要掌管人间功名禄位，因此各地文昌宫很多，小的只是一座阁楼，大的则为建筑群体。梓潼文昌宫坐落于山林之间，寺院大门是一座三层楼的大殿，五开间，中央开间设门，门的左右有抱鼓石墩，门前有一对石狮子，屋檐下悬挂着一块匾额，上有黑底金色的"帝乡"二字，表示这里是梓潼帝君生活过的家乡，整体造型显得极有气势。

三、清真寺门

唐代时，伊斯兰教从西亚、中东传入我国，之后在我国落地生根，在全国多地得到传播，并建造了一批清真寺。

早期的清真寺大门一般采用砖石砌筑，格式布局带着浓厚的阿拉伯

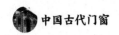

风格。福建泉州清净寺是我国现存最早的清真寺，大门用青石砌筑而成，平面为窄长形，分成内外两个部分，外部是开敞式的门厅，拱顶呈半圆形，最外面做成尖拱状，门头有阿拉伯文石刻。屋顶为雉堞状。门内部后半部分比较低矮，为半圆形的穹隆顶。元代以后，清真寺大门和二门开始由砖石发展成木构架，并总是和邦克楼组合在一起，上部做成楼阁式。

内地大部分清真寺大门和其他宗教建筑的大门有许多共同点，比如在大门外设置影壁。北京牛街清真寺，用木牌楼带八字墙，同后部的望月楼组合成大门，十分精巧。清末及民国时期，西方建筑艺术不断传入我国，出现了许多新的大门样式，比如青海省西宁清真寺的大门中间是五个连续的砖砌券门，两边用平面呈六角形的四层塔式邦克楼和大门组合起来，形成了同时具有中西风格的门楼形式。

我国新疆一带的清真寺略有差异，大门通常分成两部分：外部高耸，用大的尖拱券式门廊相罩，门侧和上部装饰有很多小的尖拱券龛，门两边是圆形的邦克楼，透空的塔楼高出大门。不过有的大门也不设置邦克楼，楼顶采用中亚式的半圆拱顶，上部装月牙形塔刹，大门和墙面用各式琉璃砖砌成不同图案；大门内部低矮，用圆形尖拱顶。譬如，新疆喀什地区的艾提卡尔礼拜寺大门就是砖石结构。整个寺门由黄砖砌成，用白石膏勾缝，采用传统手法，巧妙地把两个宣礼塔、一组壁龛以及门楼组合成一个不对称立面，形制别致，装饰华丽，是当地著名的代表性建筑。

四、庙门

庙在古代原本指祭祀祖先的地方，后来成为供奉神仙或历史名人的处所。这里的庙主要是指后者。首先来讲名人庙堂。

名人庙堂中最著名的要数孔庙和关帝庙。孔庙是纪念我国伟大思想家、教育家孔子的祠庙建筑。孔子为儒家学说的创始人，由于历代封建统治者的尊崇，孔子成为古代文人的最高代表，被世人尊奉为"至圣"，供奉孔子的庙宇即孔庙，又被称为"文庙"。关帝庙是为供奉三国时期蜀汉大将关羽而修建的。关羽是刘备手下的一员武将，他武艺超群，有情有义，有济困扶贫的胸怀，有"义绝"之称，历来为封建统治者所器重，为广大人民所敬仰，由一位武将成为"协天护国忠义帝"，于是各地城乡兴建了许多关帝庙。

1. 孔庙

各地保存下来的孔庙有许多，其中历史最久、规模最大、最有名气的是山东省曲阜的孔庙。这座庙宇坐落在孔子的家乡，由孔子的故宅改建而成。孔庙平面呈长方形，沿一条南北中轴线展开布局，而曲阜孔庙的第一道大门是棂星门。门侧立有四根大石柱，下部有夹柱石，上部雕饰云板，柱顶雕有四尊天将石像。门前立着一座石牌坊，上刻"金声玉振"四字。"金声玉振"取自《孟子》中"孔子之谓集大成。集大成也者，金声而玉振之也"等语，颂扬了孔子对于文化事业的巨大贡献。门的东西两侧各立一块下马碑，西面的碑早已毁坏，东面的碑刻文"官员人等至此下马"。在封建时代，凡是来曲阜孔庙祭祀的官员，不管职位如何，从此处经过，一律下马下轿，以示对孔子的尊敬。

进入棂星门后，又有太和元气坊和至圣庙坊两座石牌坊。它们都建于明代，作用是通过牌坊的标志性特征加强建筑群体的纵深感，并通过牌坊上的"太和元气""至圣"六字赞颂和宣扬孔子的思想。

孔庙的第二道门是圣时门，"圣时"出自孟子赞颂孔子"圣之时者"之语，意思是孔子是圣人中最适应时势发展的人。圣时门是一座三券门式建筑，门前门后均设专供帝王上下的石雕龙阶。门的两侧各立一座木坊，

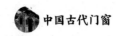

形制相同，上设牌楼。圣时门之后是弘道门、大中门和同文门。穿过这三道门，便来到了奎文阁，这是一座木结构的藏书楼，专门收藏历代帝王对孔子的赐书墨迹。在奎文阁以北，孔庙被分为左、中、右三路。中路三门并立，大成门居中，左右掖门为玉振门和金声门，门内为孔庙的主体建筑大成殿，是祭祀孔子的场所；西路为启圣门，门内为祭祀孔子父母的建筑；东路为崇圣门，门内有诗礼堂、鲁壁、家庙等建筑，多是供奉孔子上五代祖先的地方。

曲阜孔庙在南北中轴线上，前后就有九座门，若是加上左右的掖门以及院落两侧的门，则共有二十一座门，这些大小不一、形制有异的门，不仅丰富了建筑群的空间序列，而且表现出一代圣人孔子的博学多才。

2. 关帝庙

关羽去世后，被视为武神、财神及保护商贾之神，历来是民间祭祀的对象。各地兴建有不少供奉关帝的庙宇，尤其是农村，几乎村村有关帝庙，而且一座关帝庙不仅供奉关公，还可以同时供奉财神、土地等其他神仙，有时甚至还有佛教中的观音菩萨。

关帝庙的规模有大有小，庙门的形态也千差万别。各种庙门之中，独立的殿式大门最为隆重，如现存规模最大的山西省运城解州关帝庙大门就是这种形式。厅堂屋宇式的大门也颇有特色，一座三开间或五开间的门厅，将中间的一间或三间做成门廊，屋顶升起开设门洞，使庙门显得十分突出。像浙江省楠溪江蓬溪村、广东省东莞南社村等地的关帝庙都是这种形式的庙门。

庙门形式比较简单的是一些位于村落路边的小关帝庙，庙门往往开在院墙上，门上有高出院墙的门头，其形式与住宅的院墙门无所差别。

了解完名人庙堂的门，再来观察一下神庙的门。

神庙的类别有许多，供奉的对象丰富多彩，有的供奉山神、雨神、风神、土地神等，有的供奉八仙、送子娘娘、月下老人等，还有的供奉酒神、茶神、喜神、福神等。供奉这些神仙要么单独设庙，要么合在一座庙里。神庙的大门形态繁多，下面从其基本形状举例说明。

（1）屋宇式庙门。

所谓屋宇式庙门，就是把庙门作为殿堂、屋宇的一个组成部分。这种庙门通常都是位于中央，通过在大门上起楼阁、门头或者在大门外加门廊和在大门上加装饰等方法来突显大门的形象及地位。比如浙江省温州市永嘉县苍坡村村口有一座仁济古庙，供奉的是平水王周凯。该庙门厅为五开间，庙门位于正中央，中间的三开间设门廊，廊屋顶高出门厅，门匾悬挂在门上，庙门显得很突出。又如浙江省建德市大慈岩镇新叶村的玉泉寺，门开在殿堂的中央开间，没有在门上起楼阁，也没有在门外加门廊，只是在大门左右加了一道八字影壁，门头上突出一道雕花的木梁，使庙门格外醒目。

（2）门、台合一式庙门。

在古代，各地城乡村镇修建不少庙宇，祭祀神灵，祈求安康福乐。人们定期在神庙举行祭祀和庙会活动，因此在一些庙宇中修筑了戏台。庙门和戏台常常组合在一起，即庙门与戏台合二为一。山西省临县碛口镇黑龙庙的山门就是如此。碛口镇地处黄河东岸，是古代货物集散地，商人们通过船只把货物运到这里，然后利用骆驼、马匹等转运到其他地区，使碛口镇成为北方的商贸重镇，所以当地百姓专门在镇上建了一座黑龙庙，供奉龙王、河伯、风伯等，以祈求神灵保佑航运安全、生意兴隆。黑龙庙高踞在山坡上，俯视着黄河，气势恢宏。整个庙宇由戏台和大殿组成，庙门开在戏台后墙上，为双层阁楼，三开间，每间均设券门，大门连同戏台以及左右的钟亭、鼓亭组合成完整的立面。山西省阳城郭峪村大庙同样由戏台和大殿组成，庙门也是背靠戏台，为并列的三座门，由五开间的门廊相连。庙门两侧为三层高的钟楼和鼓楼。四座殿、楼、廊组合在一起，加上它们用的都是歇山式屋顶，高大的殿身和高翘的飞檐使整座庙宇显得极有气势。

（3）牌楼式庙门。

牌楼式庙门就是将牌楼依附在庙宇建筑上作为大门。牌楼式庙门的实例有许多，如四川省都江堰二王庙的庙门就是这种形式。二王庙是为纪念都江堰水利工程的开凿者李冰父子而修建的，主要庙门做成四柱三开间，上面有五座楼顶的牌楼贴附在殿堂前，中央开间为门道，门头上悬挂着一块巨大字牌，上刻"二王庙"三字。庙门坐落在高高的山坡上，前临陡坡，气势雄伟。四川省奉节白帝庙的庙门也是由砖石筑造的牌楼式门，除中间的门洞外，立柱和梁枋上都布满灰塑制成的瓶花、绳节等装饰，黄色的墙面上有彩色灰塑，虽不如砖雕细致，但也显得比较精美。

3. 墙门

这是一种相对简单的庙门形式，大门直接开设在墙面上，讲究些的会在门上起门头，不讲究的则只在门上安一块匾额。重庆市云阳县的张飞庙坐落在长江南岸的巨崖上，几座殿堂依山而建，高低层叠，错落有致，极其壮观，而庙宇的大门却只是双扇的板门，开在侧墙上，门头上伸出屋顶，用两根柱子支撑组成小小的门斗。该庙门虽然体量不大，但飞檐翘角的门头在白墙的衬托下，倒显得十分醒目。

五、祠堂门

祠堂是古人用来供奉和祭祀祖先的场所，在礼制建筑中有着十分重要的地位。我国封建时期以礼治国，因而供奉和祭祀祖先有着严格的等级之分。帝王在太庙祭祀先祖，诸侯、大夫等贵族官僚阶层筑造祖庙祭祖，平民百姓则不准建庙，只能在家里供奉先人。《礼记·王制》中描述："天子七庙，三昭三穆，与大祖之庙而七。诸侯五庙，二昭二穆，与大祖之庙而五。大夫三庙，一昭一穆，与大祖之庙

而三。士一庙。庶人祭于寝。""庶人无庙"的规定直至宋代才开始有所改变，一部分有声望的平民建造了自己的家庙，并将其称为祠堂。朱子《家礼》中记载，南宋时祠堂的设计开始转向士庶阶层："古之庙制不见于经，且今士庶人之贱亦有所不得为者，故特以祠堂名之，而其制度亦多用俗礼云。"到了元代，平民百姓的祠堂越来越多。明代嘉靖年间，礼部尚书夏言上《请定功臣配享及令臣民得祭始祖立家庙疏》，疏中说："臣民不得祭其始祖、先祖，而庙制亦未有定制，天下之为孝子慈孙者，尚有未尽申之情……乞召天下臣民冬至日得祭始祖……乞召天下臣工立家庙。"嘉靖帝遂"许民间皆联宗立庙"，祠堂终于冲破封建礼制的束缚，在民间广泛流行。尤其在农村，祠堂成为不可或缺的公共性建筑。

祭祀祖先的祠堂，一般供奉的都是历代祖先的牌位，每年定期举行盛大的祭祀典礼，宗族正是通过这些活动来铭记祖先恩德，增强宗族间的凝聚力。

祠堂的平面布局一般采取我国传统的合院形式，通常由门厅（仪门）、拜厅（享堂）和寝室组成，三座厅堂由南至北排列在中轴线上。其中拜厅是举行祭礼的地方，寝室用来供奉祖先牌位，两侧有厢房或廊房与厅堂结合形成前后两进天井院。

有些祠堂筑造戏台，戏台和门厅组合在一起；若是祠堂里设置供宗族子弟学习的学院，则祠堂规模扩大，或纵深加建厅堂，或两侧再设旁院。有的祠堂则比较简单，只有一座厅堂，内部不仅供奉牌位，还可以举行各种祭祀仪式，厅堂前有院墙围成院落。

从祠堂的整体布局来看，祠堂建筑的规模比普通宅院大，装修和装饰也比普通宅院讲究，它的位置常常处于村落的中心地带，是整个村落的政治和文化中心。

祠堂象征着一个宗族的荣耀，因此人们格外重视其形象的塑造，而这种形象的塑造集中体现在祠堂大门上。由于祠堂大门形式繁多，既有规模大小的差异，又有地域性和民族性的差别，现在根据它们的形式和做法予以分类，并分别用一些实例加以介绍：

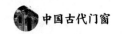

1. 屋宇式门

祠堂最前面一般是一座三开间或五开间的门厅，其作用相当于祠堂门，因而称它们为屋宇式门，当然真正供人出入的是开在中央的大门。大门的装饰比较丰富，简单些的只把中央开间往里收进，在大门前形成一个凹廊，大门上悬挂门匾，门两边有门联。如浙江省缙云河阳村文翰公祠的大门就是屋宇式门。

比较复杂一些的是在门厅前沿做成檐廊或在门厅外增修门廊，大门设置在廊内的墙面上，这种檐廊既能够遮挡雨雪、防止日晒，又可以增强大门的形象表现力。比如，浙江省兰溪诸葛村丞相祠堂的门廊两边设有八字雕砖影壁；广东省东莞南社村的谢氏大宗祠用石料做成门廊的立柱和横梁，加上石雕的柱础、礅托和雀替，将大门装饰得极富情趣。

2. 牌楼式门

祠堂中的牌楼式门并不是独立的牌楼门，而是以牌楼的形式加在大门上做装饰。牌楼式门有砖石结构和木结构两类。

砖石结构的牌楼式祠堂门，是用砖砌造出牌楼的形式贴附在墙面上，形成牌楼式的门脸装饰，如浙江省龙游莲塘村瑞森堂的大门就是这种形式，四柱三开间的牌楼贴附在墙上，牌楼立柱不着地，实际上成为大门上的砖筑门头装饰。比较复杂一些的是用砖石材料做成整座牌楼贴附在墙面上形成完整的牌楼式门。这种牌楼式门一般都比较高大，超出所贴附的厅堂墙面。浙江兰溪诸葛村春晖堂的大门就是这种形式，用青砖筑成一座牌楼贴附在墙面上，两根立柱只有一个开间，顶上三座屋顶。立柱上架设横梁，梁柱相交的位置有露出的梁头，梁下有雀替。梁枋上有斗栱支撑屋檐，屋顶上有仰覆瓦、正脊和正吻。几乎每个部件上都用砖雕做装饰。装饰的内容比较丰富，有龙、凤、花、草等动植物，还有琴、棋、书画，以及万字纹、回纹等，雕工细致。

木结构的牌楼式祠堂门，将门厅的中央部分一间或三间的屋顶抬高，连同厅堂的柱子做成牌楼，木柱上架设梁枋，梁枋上有斗拱支撑木结构屋顶。木结构的牌楼门不像砖石结构的牌楼门那样能够长久经受雨淋日晒，但是它们在造型上比砖石结构的牌楼门要丰厚得多，也更加具有立体感。浙江省兰溪诸葛村大公堂的大门贴在门屋上，门屋三开间，中央有突起的木结构牌楼，飞檐起翘的牌楼与两侧山墙上高低错落的墙头相映，使大公堂显得气势十足。

3. 院墙门

这是最简单的一种祠堂大门形式。比如山西省临县西湾村陈氏宗祠，大门开在院墙上，门上建有门头，门洞上方挂一块门匾，上写"承先启后"四字。浙江省建德新叶村有序堂的院门除了设门头外，门的左右两边还建有八字影壁。浙江省永嘉西岸村大石祠堂的院门则相对比较复杂，大门处除了建门头和影壁外，还设置了一间门廊。

第七节　皇陵门

宫殿建筑是古代帝王"生前"的生活场所，而陵墓建筑则是他们"死后"的住所。在封建时期，各个王朝的陵墓建筑都是以帝王生前居住的皇宫为模板进行布局和修建的。帝王在世时尽享人间富贵，死后一样要豪华气派，自然要显示一下九五之尊才有的地位及荣耀，这就是所谓的"事死如事生"。因而历代皇家陵墓的修建都规模宏大，耗费大量财力、人力，丝毫不亚于其他形式的皇家建筑。我国古代陵墓建筑发端于战国时期，至秦始皇时期，皇家陵墓开始以雄伟的气势和慑人的威力，向世人显露古代帝王陵寝独有的魅力。

不管是秦汉时期的堆土为墓，还是唐代时期的因山为陵，汉唐时期的皇家陵墓都是以覆斗形的墓冢为中心的方形布局。陵园四周围以墙垣，墙垣中央建造门阙，作为进出陵园的通道。唐玄宗的泰陵，陵园规模宏大，平面布局分内外两城，内城四周各开一门，直至今天，四个门的遗址仍然

清晰可见。明清时期对汉唐以来的陵寝制度进行了重大改革，将陵院由方形院落改为多进长方形院落。在改革后的陵寝布局中，门的作用更加明显，而门的设置也变得更为重要。

下面以明陵和清陵为例，来介绍古代皇陵的门。

一、明陵

明陵坐落在北京市昌平区内，是一个聚集了十三座明代帝陵的庞大陵区，整个陵区有一组总入口，它是由碑亭、石象生以及多重门组合成的陵门系列。位于最前端的是一座石牌坊，它是进入十三陵的第一道大门。这座石牌坊由汉白玉砌成，面宽五间，仿照木结构的形式，在六根石柱上架设石梁和石枋，梁枋上用成排的斗拱支撑庑殿式屋顶。在牌坊基座和梁枋上均刻有石雕，整个造型显得十分简洁和有气势。穿过石牌坊，就是陵区的第二道门——大红门。这是一座殿式大门，黄色琉璃瓦盖顶，大面砖墙上开设三个并列的门洞，中间的门洞称为神门，专供薨逝帝王梓棺进陵使用；神门东面的门洞称为君门，是后代帝后祭祀时进出之门；神门西面为臣门，这是祭祀时供侍卫大臣进出的。这左君、右臣、中间为神的门制是绝对不能出差错的。进入大红门后，经过碑亭和十八对石象生组成的神道，可以看到一道棂星门，这道大门由三座单开间的石牌楼门并列组成，左右侧是红色的矮墙，造型虽不如石牌坊和大红门雄伟，但是显得很端庄。以上就是十三陵陵区总入口的三道大门。穿过棂星门，便可以通过几条路线到达十三座帝陵，在此只介绍长陵。

长陵为明成祖朱棣和皇后徐氏的合葬墓，是十三座皇陵中修建时间最早、规模最大、工艺最讲究的一座。长陵的平面为长方形，在中轴线上依次分布着八座建筑，分别是陵门、祾恩门、祾恩殿、内陵门、二柱门、石五供、方城明楼和宝顶。其中有五道门，最前列的陵门，是一座单檐歇山顶宫门式建筑，上开三个门洞；祾恩门属于殿式门，为五开间的殿堂，中央间为门；内陵门亦是殿式门，二柱门的形式相对简单，为两根方形石柱构成的牌坊式门；方城明楼是一道城楼式大门，城台上建有碑亭，城台下开有券门通向宝顶。如果打开深埋在宝顶下的墓室，则墓室的前后几层殿堂之间又有多道石门，因此仅从一座皇陵来看，地上地下又有多道大门、院门和墓门，它们也有殿式门、城楼门、牌坊门等多种形式，组成陵门的系列。

知识链接

祾恩门和龙凤门

祾恩门，清代时称为隆恩门。位于祾恩殿前，是各陵第一进院落的门户。祾恩门坐落在汉白玉栏杆围绕的须弥座台基上，台基四周的转角处设有螭首，用来排水。台基前有三出踏垛式台阶，中路台阶间的御路石刻有精美的龙凤图案。

明陵中的棂星门又叫作龙凤门，由三座青白石质火焰牌坊和琉璃影壁构成。影壁顶部、兽吻、瓦垄、勾滴、斗拱、梁枋等部分全由彩色琉璃瓦组成，影壁的中心由多色琉璃瓦拼出龙凤花鸟图案，背面皆嵌鸳鸯荷花，寓意帝后永远合好。门柱呈正方形，柱顶蹲坐一只望天吼，额枋上雕刻火焰宝珠，因而龙凤门又被叫作火焰牌楼。龙凤门是一种高规格的神道建筑物，并不是每个陵都有。除陵区主要神路设置外，其他各陵均改设石柱木楼，形制为五门六柱式冲天牌楼。

二、清陵

清陵按照分布状况可分为五个区域，除了东陵和西陵，还有位于辽

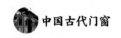

宁省新宾满族自治县埋葬满族祖先的永陵，位于辽宁省沈阳市的清太祖努尔哈赤的福陵以及清太宗皇太极的昭陵。清王朝自努尔哈赤时期开始就十分重视学习汉民族的传统文化，一切宫殿和陵寝建筑都按照汉族统治者的礼制进行修建，因此在沈阳市的福陵、昭陵中能够看到石牌坊、象生、碑亭、城门楼、隆恩殿、石五供、宝顶等组成的建筑群体。虽然这些建筑采用的是汉族的传统形式，但却带着一些显著的地域性特征。满清入主中原后修建的东陵、西陵，因为有了明十三陵的样例，所以一律沿用明代将皇陵集中建设的模式，并且在陵区的规划、皇陵的布局以及建筑的形式上完全模仿明陵。在东、西陵区均有石牌坊、碑亭、石象生和棂星门等组成的入口系列，每座陵墓中也都有隆恩门、殿、琉璃门（明代称内宫门或内红门，将陵寝分为前朝和后寝两部分）、二柱门、石五供、方城明楼等组成的皇陵建筑群。而且在规模上，清陵的地上建筑和地下墓室的讲究程度都超过了明陵，有的陵墓入口处修建三座石牌坊组成群体。乾隆皇帝的墓室中充满佛教内容的雕刻，宛如一座石雕的佛堂。

封建帝王死后的陵墓在规模上自然不如生前所用的宫殿雄伟，但是由诸多建筑组成的群体也是相当壮观的，它具有一种陵墓独有的肃穆和神圣，而其中一道又一道的牌坊门、大红门、棂星门、院门和城楼门在构成这种环境中起着不容忽视的作用。

知识链接

石象生

石象生是帝王陵墓前安设的石人、石兽雕像的统称。墓前设石人、石兽的传统源自东汉，最初的目的是辟邪，后来又有显示墓主身份和地位、增加庄严气氛等作用。清东陵石象生由北至南长800余米，就像两列威武雄壮的仪仗队，护卫着整个陵区的安全。石象生通常设置在大红门前长长的神道上，内容多为寓意吉祥、形象威猛的动物（如狮子、大象），以及辅佐君主治理国家的武将、文臣。

第八节 府衙门

本节所说的府衙既包括与皇室血统有关的亲王、郡王、贝勒、贝子的府邸，也包括那些与皇室血统无缘，却被封爵的大学士、尚书等朝中大臣的宅邸和封建社会的地方行政公署。

一、王府大门

亲王、郡王、贝勒、贝子的府邸统称为王府。王府是缩小版的紫禁城，其规模、样式与装饰均是依照封建社会的礼制确定和建造的。王府大门前都要设大石狮子和上下马石，讲究一些的王府大门不直接对着街道，而是在门前留出一个庭院，庭院前沿街处加一座倒座房，倒座房两侧再开旁门。人们要穿过前院的旁门，经过庭院，才能进入大门。

王府大门的间数、油饰和门钉数量等有着严格规定，据清顺治九年（1652年）《大清会典事例》记载，亲王府正门五间，启门三间，均红青油饰，每间门用金钉九行七列六十三个，屋顶覆盖绿色琉璃瓦；郡王府、世子府正门所用金钉比亲王府少七分之二，为九行五列四十五个；贝勒府正门三间，启门一间，门柱青红油饰；公侯以下官民房屋柱用素饰，门用黑饰。

王府大门的屋顶用筒瓦大脊，设吻兽，垂脊上设仙人走单，山墙上做排山勾滴，大门梁枋施彩画。门

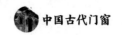

板漆红色、装金色门钉，是王府大门和一般府第大门最显著的差别。

二、衙署门

官署衙门是封建时期地方行政办事机构的处所，为一座城市的主宰，位置居于城市的中心部位，建筑通常沿南北中轴线排开。官署衙门用于出入的大门只有一个，位于中轴线正南方向。这个大门也叫作"头门"，它不是普通的门洞，而是一座带屋顶的建筑物。这种屋宇式大门是中国传统建筑的一大特点，形制受到礼制和法律的严格限制：任何州县，官署大门都只能是三开间，每间各装两扇黑色门扇，共有六扇门，因而州县衙门也通常被称为"六扇门"。俗语说"衙门六扇开，有理无钱莫进来"，若是居民住宅开了六扇门，那就有僭越之嫌，会招来祸端。

官署衙门的外大门装潢非常讲究，门前往往建有照壁，两侧有八字墙，有的在门口摆设一对石狮子。也有的州县将门屋升高，做出两层或三层的门楼，兼为全城报时的鼓楼或谯楼。走进外大门，绕过照壁，就到了第二道大门——仪门。仪门是官署的礼仪之门，仪门之名取自"有仪可象"，表示主事官员的一言一行都应作百姓的表率。通常情况下仪门并不开放，只有在新官上任、迎接贵宾，或者举行大型典礼时才会打开。日常进出衙门，走的都是仪门两边的侧门。古时以左为尊，以东为上，东门是供平时进出用的，称为人门，也叫喜门；西门称为鬼门，也叫绝门，平时并不开放，因为这是专供被判死刑的罪犯出入用的。仪门没有什么实际的价值，它的设置只是出于礼制的需要，在封建理论中，一切都讲究尊卑有别、上下有序，出入门庭也要遵守礼制。仪门以内，立着戒石坊，一面刻着"公生明"三字，一面书写"尔俸尔禄，民膏民脂，下民易虐，上天难欺"十六字诚语，以劝诫官员以民为本，秉公办事。中轴线上的主体建筑是大堂。掌握行政和司法大权的知县，就在大堂上审理案件，并做一县之长应当办理的其他事务。大堂后面设有宅门，是县官内宅的入口，里面依次建有二堂、三堂，是知县办公和会客的场所。

第九节　塔门及其他类型的门

一、塔门

塔是一种供奉或收藏佛骨、佛经、佛像、僧人遗体等的高耸型点式建筑，又称宝塔。塔按形制的不同分为楼阁式塔、密檐塔、喇嘛塔和金刚宝座塔等，按建筑材料的不同分为木塔、石塔、砖塔、琉璃塔等。不论何种形式的塔，都开设门，并多做成拱券形，给人一种空灵通透之感。

楼阁式塔是我国特有的佛塔建筑样式，在我国古塔中历史最悠久、保存数量最多。楼阁式塔多见于长江以南地区，特征是具有台基、基座，并有木结构或砖仿木结构的梁、枋、柱、斗拱等楼阁特点的部件。楼阁式塔每层楼阁上都开设门窗，并在四面设置相同形制的门，每面从上到下的门的位置都处于一条直线，使塔显得极为庄重；不过有的时候为了确保塔身的应力均衡，避免塔身纵向开裂，会有意将门窗的上、下位置错开。比如颐和园玉泉山上的玉峰塔，其第二、四、六层的门窗位置和第一、三、五、七层的门窗位置相错落。

密檐式塔在我国古塔中数量仅次于楼阁式塔。密檐式塔以外檐层数多且间隔小而得名，大部分密檐式塔属于实心，通常不能登临。与楼阁式塔不同，密檐式塔的门一般开在底层，其他各层不设门窗，只设神龛。位于北京市西城区广安门外的天宁寺塔，是北京现存最古老的砖塔，也是北京最高的密檐式塔。该塔塔身第一层十分高大，四面分别雕拱券式假门一座，仿木结构，开两扇门，门扇上方雕有绣球纹花棂装饰图案，下方做成竖条状装饰，每个塔门上方的拱券内，均雕有一尊坐式佛像与两尊立式佛像，塔身南面的一组是"华严三圣"，中央为大日如来，左右边是文殊菩萨和普贤菩萨；拱券的边缘刻有两条飞龙，龙头相对，中间

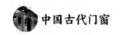

为火焰宝珠；拱券门顶端塑有一顶宝盖，两旁是脚踩祥云、手托供品的仙女；门的两边分别站立着一尊凶猛威武的金刚力士像，用来保护佛的安全。

喇嘛塔又称为覆钵式塔、宝瓶式塔，是元代建塔的主流。喇嘛塔的特征是塔身为一个平面圆形的覆钵体，上置高大的塔刹，下有须弥座承托，形状犹如一只瓶子。早期的喇嘛塔在塔身上画一双大眼睛，目视前方，象征着佛时刻关注芸芸众生，后来在画眼睛的位置开设一座火焰式的门洞，称作"焰光门"或"眼光门"。门内建有雕像，有的刻咒语。河北省承德外八庙中的普陀宗乘之庙的五塔门，在高大的藏式白台上修建五座不同颜色的喇嘛塔，自西向东分别为红塔、绿塔、黄塔、白塔和黑塔：红塔象征佛教密宗五智中的"妙观察智"；绿塔象征佛教密宗五智中的"成所作智"；黄塔象征佛教密宗五智中的"法界体性智"；白塔象征佛教密宗五智中的"大圆镜智"；黑塔象征佛教密宗五智中的"平等性智"。台下设有三个拱券形门洞。塔上的门有的只是一种装饰，并不能打开，有的则可以通向塔内。

喇嘛塔中有一种特殊形式，称为过街塔，因建于街衢之上而得名。过街塔下面的券洞高大，可以通行人和车马。这种带大门洞的塔比较少见，最著名的实例是北京市昌平区居庸关的过街塔。

金刚宝座塔是一种形制独特的塔，由方形的底座和五座小塔构成，塔的底座巨大，上面设门，人可以通过塔门进入塔内。

二、寨门

我国村落的形成时间远远早于城镇，传统村落是聚居的最基本结构。村落和村落间有着显著的地理界线，于是寨门顺势产生。寨门是一个村落的入口与标志，并兼具防御功能。寨门在一些少数民族村寨中比较流行，如广西省北部的侗族村寨就普遍设置寨门，强调了村落的地域性，加强了村寨成员间的凝聚力。在古代，为了防御土匪的侵扰，设置寨门也很有必要。

寨门的装饰风格多样。有的装饰比较讲究，为三开间的两层楼房，上层为敞轩，底层为明间，没有台基，可供车马出入，有闸门。其上雕梁画栋，设置斗拱，下做象鼻式，十分纤巧精致。有的比较简朴，只用原木构架建单间门，前后出檐轻远，两侧墙上的蛮石巨大，有的长达一米，将木门衬托得越显灵巧。有的则富有古意，为四柱三楼牌楼式，斗拱硕大，构件都有结构性功能，下昂（斗拱向外伸出的木构件）以杠杆方式承托挑檐檩。

广西省北部的侗族寨门主要有三种形式，分别是干栏楼阁式、门阙式以及两者结合的形式。干栏楼阁式寨门以平寨寨门为典范，此寨门用四根大柱作为主承柱，并有四根檐柱将其连为整体，结构牢固，有较强的防卫功能。门阙式寨门以亮寨寨门为代表。亮寨寨门的主要功能是限定某一区域的存在而不是防卫，所以在结构上看重造型与装修的美感，而不在意结构是否结实牢固。亮寨寨门局部上采用悬挑、吊顶等装饰手法，表面饰以艳丽、浓重的色彩，观赏性极强，艺术价值较高。干栏楼阁式与门阙式结合的寨门以八协寨门比较典型。

　　浙江省永嘉县楠溪江一带，至今保持着旧时男耕女织、自给自足的农业生活模式，血缘村落环境没有遭到破坏。村落的寨门、寨墙、戏台、宗祠、桥梁等公共建筑均保存完好。位于楠溪江中游的芙蓉村，村子周围用石头砌成寨墙，如果要进村子，只有经过寨门。东门是整个村子最好的大门，也是主要的入口，具有很强的防御作用，但由于年代久远，门中央具有防御性功能的两扇闸门已经遗失。东门是一座三开间两层楼阁式建筑，这在荒僻的村落里是极为少见的。要说此门的价值，除了在于它柔和优美的造型，更在于基座上的"断砌造"形式。断砌造是宋代时出现的一种台基形式，和我们今天经常看到的建筑基座形式不同，它并不是一个整体，而是分为左右两个部分，中间留出一条平坦的道路，供车马通行。现在，这座建筑已经有些破烂。

　　在浙江省永嘉县一带，村子的正门称为溪门。苍坡村的溪门是一座保存完好的牌楼式大门，面阔三开间。溪门屋顶下设粗壮的斗拱装饰，用来承重。门的中央开间分为三部分，中间开门洞供人们出入，两侧上部为直棂窗，下部为板壁。门外侧有两根木柱，上侧向里稍稍倾斜，略呈八字形，这种做法叫作"侧脚"，是宋代的建筑风格。苍坡村溪门古朴、浑厚又不失雅致，是一座建筑风格久远的寨门。

三、门塾式大门

　　所谓门塾式大门，就是利用围合院落的一座房屋（倒座）的中间部分做门，两侧仍然作为房间使用。这是一种古老的门制，目前已知的年代最早的合院式建筑——陕西省岐山凤雏西周建筑遗迹的大门，就属于门塾式大门。

　　之所以称其为门塾式大门，是因为这种门两侧的房间在古代叫作"塾"。《尔雅·释宫》解释说："门侧之堂谓之塾。"疏曰："门侧之堂，夹门东西者，名塾。"两塾相对，夹门而设，就出现了"门塾"一词。古时的宗庙和士大夫的住宅大门，均采用这种门塾式的大门。从目前发掘出来的汉代陶制院落明器中，可以清晰地看到这种形式的大门。

商周时期，门两侧的塾同廊庑一样，也用来收留食客，所以有"门人""门客"之说，而这些门人、门客常常在塾中授教，正如《礼记·学记》所载："古之教者，家有塾，党有庠，术有序，国有学。"

人们由此推测，门塾是私塾教育的源头。

门塾式大门在我国各地广泛流行，尤其在南方十分普遍。其做法一般是在三至五开间的建筑明间设门，门樘安装在前檐柱附近，后檐柱处安四扇屏门，两边装折门（也有不装的）。平时人们出入，都要先进大门，绕过屏门后，才能到达庭院。规模较大的门塾式大门，入口凹入的部分有的做成三个开间，或是先把明间扩大，然后将明间分为三个开间。不过，真正通行的门都只有一个开间，安装两扇攒边门。

门塾式大门除了在住宅中使用，在南方很多地区还广泛用于寺庙、祠堂等公共建筑。而且，这种门的变化形式丰富多样，比如为了突显出入口，将门上的屋顶刻意加高。闽南和广东省潮汕一带的住宅，就往往将门上面的屋顶加高，另做两条垂脊，使门的部分看起来呈现出独立的建筑形象，这种做法和古代中间部位高、两侧略低的"门庑"形式十分类似。有的公共建筑，还在大门的骑门坊上，再升高另做屋顶以壮观瞻，比如浙江省兰溪诸葛村大公堂的大门，在门塾的屋顶上加建了一个牌楼式的重檐屋顶，又如安徽省绩溪县上庄祠堂的大门，在门塾的屋顶上局部加建了歇山顶。

四、关门

我国古代的防御性建筑种类繁多，留存至今最引人瞩目的非长城莫

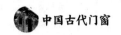

属。长城起源于春秋战国时期，各诸侯国为了防御别国侵扰，纷纷在边境修筑长城。《史记·楚世家》引《齐书》载："齐宣王乘山岭之上，筑长城，东至海，西至济州，千余里，以备楚。"秦始皇统一六国后，将原来的长城连在一起，筑起"西起临洮，东止辽东，蜿蜒一万余里"的长城。此后，汉、北魏、北齐、隋、金、明等朝代都不同规模地修筑过长城，现存长城多为明代遗物。明长城常在地势险要或山水隘口设置关塞，用人工设防来加强天险，如山海关、居庸关、雁门关、嘉峪关等都是长城上著名的关口。

山海关是明长城东北部的重要关隘之一，依山傍水，地势险要，素来被称为"两京锁钥无双地，万里长城第一关"。山海关关城平面呈四方形，东南西北四面各有一座关门，东门称镇东，南门称望洋，西门称迎恩，北门称威远，其中以镇东门保存最为完好，有"天下第一门"之称。镇东门为巨大的砖砌拱门，高大的城台上建有两层城楼，城楼檐下挂着"天下第一关"的匾额，城台周围设有女儿墙和垛墙。

居庸关位于北京市昌平区，与嘉峪关、山海关并称长城三大名关，关城周围翠峰重叠，景色绮丽，自古有"居庸叠翠"之誉。明代的居庸关，有水、陆两道关门，现在只有陆门关存世。元代的关门不是拱形，而是比较规则的六边形，门洞内壁刻有精美的浮雕，门两侧有交叉金刚杵组成的图案，如龙、象、大蟒神和卷叶花，正中刻大鹏金翅鸟，这些具有明显时代特征的浮雕，向我们展示了元代的强大、统一。

知识链接

龙　壁

皇族贵戚院内的影壁称为龙壁。在全国龙壁中，最著名的当数三大彩色琉璃九龙壁。其中最大的一座保存在山西省大同市，原是明太祖朱元璋第十三子朱桂代王府前的一座照壁，壁上雕刻九条七彩云龙，有的腾云欲飞，有的拨风弄雨，生动逼真，形态各异。另外两座分别是北京北海九龙壁和北京故宫九龙壁。北海九龙壁原是明代离宫的一座影壁，由彩色琉璃砖砌成，两面各有九条蟠龙。如果细看，则会发现影壁的正脊、垂脊和筒瓦等处还雕刻有数百条小龙。故宫九龙壁位于紫禁城里极门前。这三座九龙壁均建在院落前，既是整个建筑物的一个部件，又显示了皇家建筑的华丽气派。除了九龙壁外，我国各地还有一龙壁、三龙壁和五龙壁等。值得一提的是位于湖北省襄阳市的襄王府绿影壁，该龙壁由绿泥矾岩雕刻云龙、海水拼砌而成，壁石苍翠，雕龙生动，是明代的珍贵艺术品。

第 五 章

匠心独运：门的构成及装饰

第一节　门的构成

一、门扇

门的结构一般由门扇、门框、门槛、门头、门脸等部分组成。门扇是门的可自由开关的部分，是门本身最主要的构件。门扇的高低和宽窄受两个因素的影响，一个是实际功能的需要，另一个是建筑本身的规模和地位。比如北京故宫中的午门、太和门和乾清门，这些大门是专供皇帝进出使用的，从功能上说，皇帝时常乘坐轿子或者骡马大车通过这些大门。从建筑上看，它们都是宫城内极为重要的大门，体量宏伟，装饰讲究，因而门扇都很高大，比如太和门中央供皇帝通行的门口高达 5.28 米，宽 5.2米，两侧的门口也高 4.8 米，宽 3.2 米。寺庙和祠堂的大门，虽然不需要供马车或轿子出入，但为了显示大门的气势，门扇基本也设置为左右两扇，高度约为 3 米，有的甚至可达 4 米，而每扇门的宽度为 0.8~1 米。至于普通的民居，为了便于出入和显示一定的"门望"，宅门的门扇也一般设置为两扇，宽度在 0.6 米以上，只有宅院的侧门与后门，才用单扇的门扇。

二、插关

插关也叫门闩，装在板门扇的背面，是门扇关闭后用来禁固门的部件。插关有单插关和双插关之分。单插关往往安装在右门扇上，插关梁安装在左门扇上，关门的时候只要用右手，就能很方便地插好插关。与单插关不同，双插关在左右门扇上都安装插关和插关梁，关门的时候把上下的插关插入左右的插关梁洞内。插关后来发展为门的装饰品，并被赋予内涵。迄今已知的最早的插关是西周出土青铜鬲上的奴隶人像插关，由于它是家具门插关，所以安装在门扇外面。

三、门框与门槛

门框是由左右两根框柱加上面一根横枋组成一个框架，固定在墙上，主要作用是固定门扇和保护墙角。门扇安置在门框上下突出的门轴内。固定上门轴的是一根名为连楹的横木，在连楹的两端分别开有一个圆形孔，用来承受门的上轴。下轴同上轴一样，需要被固定在门框上，不过承受下轴的部件除了用来固定门轴外，还要承受门扇的重量，因此均由石料制成。

有的大门在门框下部挨着地面用一根横木或者长石与左右门框柱相连，称为"门下槛"，简称"门槛"。门槛在古汉语中有不少称谓，比如阃、阈、畿等。门槛横伏在门口，是内外区域的分界线，迈进去跨出来，便是两个不同的世界，因此门槛备受人们重视。许多家庭为了突出门槛的作用，防止外面的小动物进入室内，都把门槛加高，好像越是富贵的人家，门槛做得越高，久而久之，门槛的高低便成为身份和地位的象征。规模较大的殿宇、庙堂和宅院，如果大门处设有门槛，则门槛一般由木料制

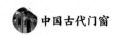

成，平时插放在左右门枕石的石槽里，当有车马或者轿子出入时，可以临时抽掉。有的门槛是由石料制成的，唐代诗人韩愈《谴疟鬼》中有"白石为门畿"句，就是说用白石制作门槛。

大门的门槛是不能随便踩踏的，《论语·乡党》中说："立不中门，行不履阈。"古人认为，踩踏门槛是对宅主的一种不尊敬的行为，且会破坏宅院的风水，因此忌踩门槛。

第二节　门的附设物

一、门枕石

固定建筑大门左右两扇门板下轴的是"门枕"，门枕一般为石制，因早期呈方形，就像古时的长方形的枕头一样，所以人们又称为"门枕石"，北京俗称"门墩"。

门枕石的作用是承托门扇并使其转动。将门枕石固定在地面上，一端置于门槛的内侧，一端露在门槛的外侧，中间与门框相接的地方开一道凹槽，用来插放门槛。在门内的一半门枕石上开圆形孔，用来安放门板下轴。因为要承受门板的重量，所以露在门外的部分一般大于门内的部分，这样能够确保门板在转动时保持稳定。在这种情况下，露在门外的门枕石的位置十分显要，加上其又是石料所造，所以自然成为装饰的最好部位。

1. 门枕石的起源

关于门枕石的起源说法纷纭。从建筑功能上来看，门枕石本来是古建筑上的一个功能性构件，用来支撑固定院门，防止大门前后晃动，这非常符合力学的原理。因此门枕石的起源和宅院同步。从建筑结构和技术发展的历史规律可知，门枕石是在古人类脱离了原始穴居生活以后慢慢形成的，至少在三千多年前的商周时代就已经存在了。后来经过多年的发展和演变，门枕石不断增加着装饰艺术的成分，形制不断扩大，雕饰也更加丰富和华丽。在其向外突出的部分，雕做了石鼓、石狮、石几凳等多种形式，其中以雕鼓形石最为常见，因此又有"门鼓石"等称谓。再后来，门枕石的功能越来越多，除了建筑方面的作用，还增加了观赏价值，乃至使它成为一件精美的艺术品。

2. 门枕石的类型

门枕石按照形态的不同可以分为两种类型，一种是鼓形墩，另一种是箱体墩。

鼓形墩一般用于大型宅院门的两侧，主要由上部的圆鼓和下部的须弥座构成，其中圆鼓部分又分为一个大鼓和两个小鼓。大鼓的两侧分别有一圈鼓钉，鼓面中央是一团花装饰，团花内有花纹、草纹、动物纹、吉祥物纹等图案。圆鼓的正面往往雕有荷花、宝相花、如意草等图案。大鼓下面是两个小鼓。说是小鼓，实际上只是由中间的莲叶纹向两边翻卷形成的圆鼓形纹，线条十分简洁柔美。

门枕石上为何要用圆形鼓做装饰，比较流行的一种说法是：上古时代，尧舜以仁治天下，"尧有欲谏之鼓，舜有诽谤之木"（《吕氏春秋·不苟论·自知》）。设立在朝廷大门前的鼓名为谏鼓，百姓如果有事想要进谏，便可敲击此鼓，这是朝廷为了听取民意而采取的一种方法。所以，门前设鼓便具有了欢迎来人的寓意，因此后人将圆鼓设在大门外做装饰。还有一种说法认为，门枕石采用圆鼓形，大概与元人的骁勇善战有关。元人入主中原后，将庆祝胜利的皮鼓作为一种象征，以石礅的形式永久地保留下来，置放在家门口，以示光宗耀祖。这些其实都属于推测，并没有明确

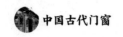

的历史文献佐证。

门枕石上的圆形石鼓和柱础上的圆鼓有所不同，它不是平放而是直立在门枕石上，下面一般用一层花叶托抱，因此也叫"抱鼓石""门鼓石"。石鼓大小有别，厚薄不一，完全根据门的大小以及房屋主人的地位而定。这种石鼓常常与石狮搭配使用，形式更显多样化。

抱鼓石的装饰图案比较丰富，从内容上看大致包括花鸟虫鱼、瑞兽祥云、器物什锦等。装饰部位主要是鼓座和鼓面。鼓座上一般浮雕卷草纹、如意纹、祥云纹等图案，寓意福寿吉祥；鼓面上的装饰除了浅浮雕纹样，还有高浮雕的龙、狮等形象，是旧时大户人家尽显豪门威严的象征。

箱体墩是长方柱形的门枕石。据说抱鼓石是武官宅门前所用的，而箱体墩则为文臣院门所用。在封建时代，举人进京参加科举考试，要携带书籍和文房四宝，这些东西要分层放置在书箱里，既不能磕碰又要方便背负或担挑，因此书箱往往做得较高。等到举人及第后，就将书箱作为永久性饰物放在家门外，光耀门楣。于是就形成了箱体墩。

箱体墩的体形较小，一般用在小型如意门或随墙门两侧。它主要由幞头和须弥座两部分构成，幞头上雕刻卧狮。方形鼓面由于没有圆的限制，纹样和图案雕刻更为灵活多变。

3. 门枕石与等级秩序

抱鼓石是门枕石大事雕饰的产物，古时大户人家为了装饰门面，常把突出于门外的门枕石特意加高，在其下部雕须弥座，中间做成圆鼓形并饰以纹样，上面透雕狮子或狮头。当然一般人家是不设抱鼓的门枕石的。抱鼓石还与婚嫁相挂钩。古人结亲讲究门当户对，从符号上来说，如果如意抱鼓石配螺蚌抱鼓石，圆形门簪配六角门簪，就可以说两家是"门当户对"了。从这一点可以看出，古代判断两家是否门第般配，看看各自宅门前的抱鼓石和门簪就可以知晓了。有财势的家庭常常把方形门墩做成须弥座，其上再雕狮子，但是狮子不能做得过大。普通百姓家一般只能靠加高门枕石来装饰门面。

皇家建筑以及官宅建筑中的门枕石有着丰富的内容和深刻的寓意，且带有鲜明的封建等级色彩。如宫殿和王府门前常用狮子墩，这是皇亲国戚特权的重要标志。抱鼓石中还有一种雕刻麒麟纹饰的麒麟墩，其级别之高仅次于狮子墩。麒麟墩图案面上有一棵茂密的松树，树下一只麒麟站立在岩石上，昂首回眸，极具威严之气。麒麟纹饰刻在门枕石上，是皇帝对封疆大吏的特殊恩赐，就像"九锡"中的朱户。

知识链接

止扉石

在一些没有门槛的门中间位置常常埋设一根石棒，关门时用它来固定门扉，这就是止扉石。城门中的止扉石特称"将军石"，指的是在两扇城门合缝处下端埋置的石桩。据《营造法式》记载，止扉石长二尺，方八寸，地面露一尺，下栽一尺入地；将军石长三尺，方一尺，上露一尺，下栽二尺入地。

二、门狮

门狮是传统建筑门前重要的装饰物和辟邪物。狮子被称为百兽之王，素来以凶猛著称于世，因此很早的时候人们就将它作为大门两侧的守护神。据说在汉章帝时期，安息国（今伊朗）国王派遣使者来到中国，将当地的狮子作为礼物进献给皇帝。狮子体格雄壮、性情凶猛，当时只是把它作为异兽关在笼子里喂养。后来经过长期驯化，狮子不但繁衍生息在中国定居下来，而且成为人们喜欢的动物。

狮子在佛教中占据着重要地位。相传佛祖释迦牟尼出生时，有五百只狮子聚集在王宫外嗥叫，预示着这位王子将来必定成为圣人。后来在佛像的基座和佛塔的座上开始雕刻狮子，有的狮子用前爪承托住佛座，成为座上的角兽。狮子在佛教中是一种护法的神兽，还成为文殊菩萨的坐骑。大概出于这个原因，后来狮子也成为建筑大门前的守护兽。人们将狮子雕刻得威武凶悍，借助狮子的霸气守护门庭的安全。比如北京故宫太和门前的那对铜狮，体量庞大，颜色很深，蹲坐在高高的石座上，昂着胸抬着头，威然凝视着前

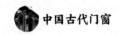

方，为太和门增添了几分气势；又如宁寿门前的铜狮，头上毛发卷曲，面目狰狞可怕，爪子伸出很长，充分展现了狮子凶恶的本性。

一些重要建筑的大门两侧常常设有门狮，比如故宫内廷入口乾清门左右两侧有高大威武的鎏金铜狮，颐和园东北两个宫门和一些王府大门前有许多石狮。此外，在一些大户人家、寺庙和书院也可以看到门狮。门狮也广泛用在普通住宅大门的两旁，只是这些狮子大多不独立存在，而是附设在门两侧的门枕石上。把门枕石作为基座，石狮蹲在座上。或者在抱鼓石上雕刻一只小狮子，甚至只雕一个狮子头，同样起到守护大门的作用。

此外，由于"狮"与"事"谐音，人们便用双狮寓意"事事平安""事事如意"。双狮的设置有一个共同特点，就是两只狮子分别位于大门两侧，左侧为雄狮，足下按着一个绣球，象征着权力；右侧为母狮，足下抚着一只幼狮，幼狮是子嗣的象征，寓意子嗣昌盛，世代为官。这样的安放样式成为一种定制，凡是大门两侧的狮子都要这样布置。

门狮的大小及讲究程度随着建筑物等级的不同而有所差异。以北京故宫内的建筑为例，太和门是宫城中最重要的建筑群——前朝三大殿的大门，在宫门中等级最高，因此其门前的狮子格外大，也十分有气势，乾清门作为宫城后宫部分的大门，地位自然十分重要，但是相比于太和门，等级要低一级，因此门前的铜狮要小得多。后宫的养心殿是皇帝和后妃居住的院落，因此门前的铜狮子更小。至于皇宫之外的其他建筑，大门前狮子的大小不言而喻。

知识链接

门　帘

门帘是门的附属设施，具有很多实用价值。夏天挂竹帘、珠帘，可以阻挡蚊蝇，还可以通风散热；冬天挂棉帘，厚实的门帘能够遮挡风寒；布帘在不用关门闭户的情况下，可以确保室内的隐私。此外，门帘还是民间婚嫁礼仪中必需的物品。在我国北方某些地区，新房的红门帘要由新娘的弟弟挂上门。据说这种婚俗与王昭君有关，因为昭君出塞之时，就是跟皇帝要了门帘做嫁妆的。

三、上下马石

在古代中国，马是主要的交通工具，人们常常骑马或者乘坐马车出行。尤其是清代，由于满蒙等民族是狩猎、游牧出身，因此朝廷规定：满洲官员出门，不论文武，都要骑马，以不忘先祖遗风。主人外出时，下人们都要骑马追随。因此，上下马石很自然地成为常见的门前陈设。

上下马石的历史最早可以追溯到两千多年前的秦汉时期。当时，上下马石是驿站的必备之物，是帮助驿站完成交通、邮递任务的重要工具。上下马石同时也是等级制度的一种表现，只有一定级别的官员才能在宅第门口设置上下马石。山东省曲阜的孔府大门外有一座下马石，门内是上马石，下马石上写着"文官下轿，武官下马"八个大字。这是孔府和孔子后人特殊政治地位的显示。反过来，该下马的时候可以不下马，甚至"紫禁城骑马"，这也是帝王赐予的特殊恩宠。

四、拴马桩

拴马桩一般设在大门外两侧，有的采取对称形式。拴马桩由桩顶、桩颈、桩身和桩根四部分构成。桩根为粗坯，埋在地下。桩身上刻有横格或席纹，有的浮雕卷草、串枝莲、云水纹图案。桩颈部分的雕饰也比较讲究，常常浮雕花、鸟、马、鹿、云水等图案。桩顶部分雕饰人物和动物，是拴马桩雕刻的精彩所在。而拴马桩头刻石猴，是一个特殊的民俗现象，石猴千姿百态，或正襟危坐，或左顾右盼，或亲热嬉戏，令人忍俊不禁。关于雕刻石猴的原因，大概有两种，一种是猴子能辟马瘟。在《西游记》中有一个情节，孙猴子在天庭做了弼马温。弼马温者，辟马瘟也。另一种是马背上骑一只猴子，寓意"马上封侯"，所以猴子和马

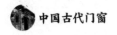

结下了不解之缘。

在古时住宅的院落里，有半尺见方的小门洞，里面有铁环，用来拴马，有的称为拴马石，有的称为拴马环，有的称为马洞，这和拴马桩又大不相同。拴马桩常常设在四合院靠近大街的倒座房的外墙上，距离地面大约四尺，砌墙的时候，先留出空柱，然后砌上用石雕做成的石圈，石圈门内就是房柱，柱上有铁环，用来系马缰绳。比较讲究的拴马桩用汉白玉或大青石雕琢而成，并采用云纹和如意纹做装饰。还有一种石鼓形的拴马石，是用石头刻成圆鼓形，然后在鼓面上凿出一个可以穿绳的部位。

看起来，这上马下马之间，有着不少学问呢。

五、影壁

影壁是我国传统建筑特有的构件，是设在大门内或大门前的一种独立性墙体，也称为照壁，在江南一带则叫作照墙。影壁在西周时期就已经出现了。考古学家在陕西省岐山凤雏村发现了一座西周时期的建筑遗址，其中有一座影壁残迹，位于大门正前方4米处，东西长4.8米，残高20厘米，这是我国目前发现的最早的影壁。

影壁的设置在古代要遵循等级制度的要求。据西周礼制规定，只有宫

殿、诸侯宅第和寺庙建筑才可以建造影壁。影壁最基本的作用是作为建筑物的屏障，防止门外行人对院内的窥探。如果有客人乘车坐轿来访，客人也可以在影壁前稍作停留，整理好衣冠后再入院拜访主人。后

来随着时代的变迁和技术的发展，影壁不再为皇室贵族所专用，普通住宅也可以建造影壁，而影壁也在实用性价值之外，增添了一层装饰意义，并体现出家族地位的显赫。因此，宫殿、王府中的影壁发展出龙壁的形式，而普通人家中影壁的建造，也多了不少讲究。

常见的影壁有三种形式。第一种是位于大门里侧的影壁，呈"一"字形，称作一字影壁。这种影壁如果独立于厢房山墙或隔墙之外，则称为独立影壁；如果是在厢房山墙上直接砌出小墙帽并做出影壁形状，使影壁与山墙连为一体，则称为座山影壁，此类影壁属于象征性影壁，等于在墙上画出一块影壁，它常常在小型四合院中使用，装饰有繁有简，且繁简程度差异较大。第二种是位于大门外侧的影壁，这种影壁坐落在胡同对面，面向宅门，通常有两种形态，呈"一"字形的叫作一字影壁，呈梯形的叫作雁翅影壁。一字影壁和雁翅影壁要么独立于对面宅院墙壁之外，要么倚砌在对面宅院墙壁上，作用主要是遮蔽对面房屋以及不整齐的房角檐头，使从大门外出的人产生整齐、美观、愉悦的感受。第三种是位于大门两侧的影壁，这种影壁与大门槽口成120度或135度夹角，平面呈"八"字形，称为"撇山影壁""反八字影壁"。建造这种影壁时，大门要向内退2~4米，在门前形成一个小空间，作为进出大门的缓冲之地。在反八字影壁的衬托下，宅门显得更为开阔、富丽。此外还有一种比较少见的木影壁，作用相当于固定位置的屏风。

一座影壁，由壁顶、壁身、壁座三部分组成。上部的壁顶常用砖仿照木结构做出檐、斗拱、梁架等部件，上覆硬山式屋顶或者歇山式屋顶。壁座一般为须弥座状，每个部分施以少量砖雕装饰。壁身面积大，又恰恰遮挡人视线的高低，因而成为整座影壁装饰的中心。

影壁心子也叫盒子，有方形、菱形、圆形、梅花形、海棠形等多种式样，也有方中套圆、圆中套方的复合形式。它由方砖拼砌而成，有的雕刻花纹、龙凤等图案。宫殿和寺庙建筑中常常可以看到高大的影壁，它们同大门及门前的空地相呼应，组合为一个整体，展现出宏大的气魄。这些影壁多用砖砌成，高低大小和大门一致，或者稍微高于大门，底部设墙肩或用须弥座。上面的壁身两侧用方砖柱子石磉墩，上用横向的额枋等加以联系，然后铺盖筒板瓦作为屋顶。中间壁面用方砖对缝斜砌，四角用砖岔角，正中央用雕砖团花，远望庄严华丽，近看十分精致。皇宫内一般采用琉璃影壁，由五彩琉璃烧制而成。有的影壁雕刻九条龙，九龙飞舞，神态各异。此外还有石雕的影壁。

关于影壁，民间流传着这样一个故事。据说有一次清太祖努尔哈赤作战失败，独自逃回，在半路上遇到一位好心的农民。农民让他趴在垄沟里，并用犁杖将他扣住，此时恰好飞来一群乌鸦，落在犁杖上，最后使努尔哈赤躲过了追兵。后来，努尔哈赤在盛京建国称汗，想起这段往事，便封那位老农为天，并要求所有臣民在院内竖立一根索伦柱杆子，上面安放一只圆斗，用来置放祭祀天和乌鸦的肉。此外，努尔哈赤还命令每户人家在门前设一座影壁，作为天的神位，每逢年节进行祭奠。

门内的影壁还具有遮挡的功能。堪舆学著作《水龙经》说"直来直去损人丁"，一语道破天机。古人认为，如果没有影壁，那么气流就会直来直去，而有了影壁，气流就要绕影壁而行，气流减慢，便不会对宅院主人造成危害。

影壁本身的装饰和构图，各地都不相同。在宁夏一些比较讲究的宅院内，壁身中心是矩形或圆形的盒子，里面或雕刻莲花，或雕刻松树、牡丹，都具有完整的画面，边框和四岔角采用回纹、卷草纹做装饰。所有雕饰布局紧凑却不显堵塞，效果华丽却不烦琐，这种构图堪称影壁中的佳品。北京小型四合院住宅门内的影壁，砖雕装饰往往比较单一，内容不求繁杂，雕刻比较粗糙，不过许多人家常常在影壁下放置绿化盆景，或是在小缸内置莲荷，或是将少量盆花点置壁前，或是将山石、古松放在壁下，使本来沉闷的环境增添了不少生气，给人以清新之感。山西省的一些住宅院落，往往在大门正对面建造一座砖墙影壁，上刻花卉、松竹图案，有的则雕刻"松鹤延年""喜鹊登梅""五谷丰登""麒麟送子"等内容，或者书写"福""禄""寿"等字样，以此象征吉祥好运，同时为四合院营造出一种书香翰墨的气氛。

云南省白族、纳西族的照壁不仅是门的附设物，而且是整个院落布局的组成部分，所以照壁往往装饰得极为华丽。当地在院落布局上采用"三坊一照壁"和"四合五天井"两种形式。三坊即三座三开间两层楼的房屋，一照壁即一座照壁。由三坊围合成一个三合院，另一边由照壁来封闭，这座照壁同大门相邻，因此成为装饰的重点。

照壁的形式有两种，一种是三滴水，另一种是一字形。三滴水照壁在民居中使用最多，它是把横长的壁面分为左、中、右三段，中间一段高且宽，高度等于厢房上檐口高，左右两段较矮窄，高度与厢房下檐齐平。整座照壁的宽度相当于三间正房的面阔。照壁屋脊两端鼻子起翘，檐角如飞，屋面呈凹曲状，檐下一般设置斗拱，或采用两三重小垂花柱子挂坊。额联部位和两侧边框，均用薄砖分出框档，框中嵌大理石，或题诗绘画，或者雕塑人物山水和翎毛花卉。

第三节 门 饰

一、门头

在传世名画《清明上河图》中，可以清楚地看到古代院墙上大门的形式：左右两根立柱和上面一条横木组成门框，框内安装门扇，门框上面为形式简单的屋顶，主要用来遮阳和避雨，这种门上的小屋顶就是门头。如果门开在墙上，那么门头就成了从墙上伸出的一面坡屋顶。这种门头不仅具有实际的功能性作用，而且起到装饰的效果，使大门显得更为醒目和气派。后来，门头遮阳避雨的功能渐渐消失，转变为一种装饰品，长期地保留下来。只是在外形上，屋顶挑出越来越小，而屋顶上下的构件却越来越复杂，成为罩在大门上的一种特殊装饰，因此又将门头称为"门罩"。

门头显露在外，时常遭受日晒雨淋，所以人们逐渐用砖石来取代木料，不过仍然保留木结构的形式。两边有垂柱，柱间有横枋，枋上设斗拱支撑屋顶，形似一座垂花门，只不过所有构件均用砖制作而成，贴附在墙面，真正成了一层门罩。这种门罩形式繁简不一，简单的只有两根垂柱加一道横枋，枋上有几只斗拱托着屋顶；复杂的屋顶下有几层横枋相叠，中央留出题刻"字牌"的地方，梁枋上布满雕刻。不管是简单还是复杂，门罩的整体造型都极为讲究，左右对称，上下各部分疏密相间，构图匀称，色彩素雅，造型端庄。也有十分繁缛的门头，上面布满雕刻，各地区风格差异很大。

门头上的砖雕装饰，内容一般为传统题材，既有龙、蝙蝠、狮子等常见动物，又有牡丹、菊花、莲荷等植物，此外还有琴、棋、书、画等器物，以及寿字、万字甚至传统戏曲的内容。

二、门环

大门需要开与关，就要借助拉手，因此在门扇上设置了一副门环。古代的门环一开始由铜制成，材质主要是黄铜和白铜，后来基本由铁皮制成。门环的形状多种多样，有圆形、椭圆形、三角形、六角形、八角形等，以圆形最为常见。门环本身一般是光滑的，但也有做成竹节状的，或者像麻花一样卷绕的，此外还有雕镂和嵌饰的。

门环除了用来作为开关大门时的拉手，还可以叩动它来敲门，也可以在门环上上锁。门环叩门需要发出响声，因此在门环下方设置一个金属底座，可以保护门板在门环的碰击下不受损坏。金属底座的形状有许多，有方形有圆形，还有多角形、如意形、花叶形、蝙蝠形；其形式有平铺的，也有中间鼓起的。

求福是人们普遍存在的心理，在我国传统装饰艺术中，蝙蝠常常被用来作为幸福的象征。蝙蝠与"遍福遍富"谐音，所以古人常以"蝠"来寓意"福"，并用蝙蝠的飞临表示"进福"，希望幸福能够像蝙蝠一样自天而降，由此组成吉祥图案。以蝙蝠为图案的装饰在不同建筑中盛行，在传统民居的门环上也广泛使用。

明代周祈《名义考·物部》中有这样一段记载:"(京师人)谓门环曰曲须……曲须为屈膝,李贺诗'屈膝铜铺锁阿甄'。盖门环双曰金铺,单曰屈膝,言形如膝之屈也。"这说明在明代门环还分为双单,且名称不一,从其名称中可以看出尊卑之别。

三、门钹与铺首

门钹也叫作"响器",因外形酷似民间乐器中的"钹"而得名。门钹由金属制成,中部突起呈覆碗状部位称为"钮头",底座为圆形或六边形称作"圈子",带有镂空花饰,中心挂金属圆环或树叶状金属片。门钹的形式多种多样,钮头和圈子均带有吉祥符号,外圈边一般做出如意纹,具有良好的装饰效果。门钹的下面设有一块方铜,正好与门环的位置相对应,这样,当有客人来访时方便客人叩门。门钹敲打方铜发出的清脆响声,容易被房主人听到。

铺首堪称门钹中的极品,这是一种具有辟邪作用的传统门饰。铺首也叫金铺、金鲁。汉代司马相如《长门赋》中有"挤玉户以撼金铺兮,声嘈吰而似钟音",就是对玉户金铺的视觉效果和叩响门环的情形以及金属碰撞的听觉效果的精彩描绘。唐代诗人薛逢《宫词》中的"锁衔金兽连环冷",描写的则是处于静态的铺首。

古代铺首的造型一般为兽面,一种说法就是"椒图",民间有"龙生九子不成龙"之说,"椒图"就是龙的第九个儿子。明代杨慎在《艺林伐山》中写道:"椒图,其形似螺蛳,性好闭,故立于门

上。"椒图性好静，警觉性极高，所以用它的形象做成铺首。而根据《百家书》中的记载，铺首的兽面似狮非狮，似龙非龙，据说是螺，也就是螺蛳。《后汉书·礼仪志》记载："施门户，代以所尚为饰。商人水德，以螺首慎其闭塞，使如螺也。"因为螺遇到危险的时候，便将头部缩进壳中，隐闭不出，十分安全，所以人们用它来象征坚固和安全，不过螺做铺首时只取其头形绘在门板上。

其实，不管铺首的兽面源于何物，它都是一种含有驱邪意义的装饰物，正如《字诂》所云："门户铺首，以铜为兽面，御环著于门上，所以辟不祥，亦守御之义。"

四、门钉

门钉古时也叫"浮沤钉"。浮沤，指水面上的气泡，被用来形容门板上的门钉就像漂浮在水面上的气泡一样。门钉最初是专门为实用而设计的，后来慢慢演变成门上的一种装饰品，起到了美观的作用，甚至被加上了等级色彩。

明代以前，门钉使用的数量无明文规定。到了明清时代，门钉数量和等级制度有了关联。门钉逐渐增加了新的用途——装饰性的等级标志。在等级森严的古代建筑中，门钉数量的多寡及颜色象征着门户主人地位的高低。在皇家建筑中，每个门上的门钉数量都有严格的规定。

带着封建等级象征的新身份，门钉也进入了封建的典章制度。据传明太祖朱元璋曾经令礼部的官员去考究门钉的历史，可是，经过礼部人员的研究，发现门钉其实没什么特殊的历史。于是朱元璋便命令手下人制定了一系列的规定，并写进了法律，如皇家宫致是九行九列。《大明会典》还规定："按祖训云：凡诸王宫室并依已定格式起盖，不许犯分。洪武四年定亲王府制……四门……正门以红漆金涂铜钉……"使用门钉，不违制度。而公侯府第则规定门用金漆及兽面摆锡环，一品、二品官门用绿油兽面摆锡环，三品至五品官门用黑油摆锡环，六品至九品官门只许用黑门铁环，公侯乃至九品官，皆不许使用门钉。清代则在其基础之上进行了更为严谨、细致的划分。

《大清会典》载："宫殿门庞皆崇基，上覆黄琉璃，门设金钉。""坛庙圆外内垣门四，皆朱扉金钉，纵横各九。"清代皇宫大门钉是纵九横九，共八十一个钉，且用金钉，代表皇权至尊。《大清会典》还规定，皇帝之下的亲王府是"门钉纵九横七"；世子府、椰王府是"压脊各减亲王七分之二（即纵九横五）"；贝勒府、镇国公、辅国公是"公门铁钉纵横皆七"；虽然比郡王府的四十五个门钉还多四个，但是由金钉改为了铁钉，所以等级更低。而"侯以下至男递减至五五，均以铁"。

然有奇怪之事，紫禁城南门（即午门）、北门（即神武门）、西门（即西华门）都是九行九列门钉，但是东门（即东华门）却不是，它只有八行九列，为何此处用偶数（阴数）门钉而不用奇数（阳数）门钉呢？这个疑惑至今没有一个公认的解答。而有些人认为与一个传说有关。据说，明朝末年，农民起义爆发，崇祯皇帝百感交集却无计可施，派兵镇压都以失败告结。李自成的部队眼看就要打到京城了，作为一国之君，虽然国已破，但是皇帝的尊严不能丢，崇祯皇帝就在北京城被攻破之后，仓皇地从东华门逃跑了，并自缢于煤山。清朝入关之后，统治者觉得东华门有如此故事，很不吉利，于是决定此后皇帝的灵枢都由这个门抬出去，并把这入门上的门钉减去一排，便成了八行九列，如今东华门少一排门钉的格局因此而来。

除了作为装饰外，门钉还被纳入民俗活动，成为人们眼中的吉祥之物。明代沈榜《宛署杂记》记载："正月十六夜，妇女群游，……暗中举手摸城门钉，一摸中者，以为吉兆。"蒋一葵《长安客话》写道："京都元夕，游人火树沿路竞发，而妇女多集玄武门抹金铺。俚俗以为抹则却病产子。……客曰：'此景象何所似？'彭曰：'放的是银花合，抹的是金铜钉。'"《帝京景物略》记载，元宵节前后摸钉儿，妇女们"至城各门，手暗触钉，谓男子祥，曰摸钉儿"。

为什么要摸门钉呢？大概有两个原因：一是"钉""丁"同音，有添丁之意，希望生子的妇女自然要在这样的好日子摸上一摸。二是门钉具有

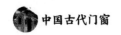

辟邪的功用，能够驱除疾病，何乐而不摸？就这样，旧时妇女们的暗暗一摸，给普通的门钉赋予了不一般的意味，使这寻常的物件在民风民俗之中产生了文化内涵，成为人们美好祝愿的载体。

五、门锁

与门相关的还有一个重要的构件——门锁，缺之不可。

据出土文物考证和历史文献记载，我国门锁的历史十分悠久，发展至今已有五千多年的历史。

关于门锁的雏形，常见的说法是，远古时期私有制出现后，人们因为担心自己的物品丢失，就简单地用绳索把门紧紧绑住，最后打上个特殊的绳结。这种牢牢捆扎的绳结，就是门锁的前身。

真正意义的门锁出现在五千多年前的仰韶文化时期，当时的人们创造出了装在木结构框架建筑上的木锁，这种锁结构简单，形体笨重，安全性不强。到了春秋时期，鲁班对木锁进行了改进，装置了机关，使锁的防盗性前进了一步。在民间，木锁一直流传，直到明清时期还有"白木锁"出现。

铜锁的制作，大概始于春秋时期，当时的人们除了用铜制作各种食器、饮器和祭器外，开始尝试制造锁具，但这种铜锁并不是一般人家可以使用的。直到汉代，门锁才在民间流行，西汉扬雄《方言》中写道："户钥，自关而东，陈楚之间谓之键；自关而西谓之钥。"汉代的门锁为铜质簧片结构锁，这种锁利用三条簧片的弹力来达到封关、开启的功能，坚固性和防盗性都比木锁提高了许多。据记载，铜质簧片结构锁是我国古代的主要用锁，在我国沿用了千年之久，直到二十世纪五十年代才退出历史舞台。

　　唐代时，门锁已经十分普及，多为金、铜、铁、木等材质。之后的明清时期更是门锁的鼎盛时期，在重视实用价值以外，锁具不断追求着装饰性，同时开锁难度和外形制造也有了很大提升和创新。比如清代的白鹤锁、四开锁、暗门锁、倒拉锁以及文字组合锁等，可以说每一件都是艺术品。

知识链接

鱼形锁和广锁

　　鱼形锁堪称我国古代门锁中最具特色的样式。门锁为鱼形，利用的是鱼"不瞑目"的特性。唐代丁用晦《芝田录》中说："门钥必以鱼者，取其不瞑目守夜之义。"意思是希望门上的锁能够像夜不闭眼的鱼一样，时刻保持警惕，看护好门户。

　　广锁是一种金属簧片锁，民间俗称横式锁，此类锁流行于浙江省绍兴市，所以又有"绍锁"之称。广锁的正面呈凹状，端面是三角形和长方形的组合。其大小以两为单位，有"四两绍""五两绍""六两绍""十二两绍"等。广锁除了用来锁门，还常常用来锁箱柜。

六、门簪

　　门簪位于门口上方，是大门中槛上连接连楹的构件，它分为头部和尾部两部分。我们通常看到的门簪外形是其头部，位于中槛外侧，因其形态类似妇女固定发髻插的簪子，所以称为门簪。其尾部为一扁长榫，贯通中槛与连楹，露出榫口，插上木楔就可以使连楹和中槛紧密固定，这样便将中槛与连楹连接起来。

　　门簪的历史十分悠久，汉代时就已经出现了门簪。门簪的数目依据大

门门阔的大小而定，少则两枚，一般四枚，多则六枚至八枚。门簪有方形、菱形、六角形、八角形、花瓣形等样式，为了加强装饰性，正面或描绘，或雕刻，饰以花纹图案。门簪的图案以四季花卉为主，如果是四枚门簪，则分别雕饰牡丹、荷花、菊花、梅花，象征四季富庶，并且图案间常有"福禄寿德""吉祥如意""国恩家庆""天下太平"等字样。如果是两枚门簪，则雕刻"吉祥"等字样。

北京四合院广亮大门上多用四个门簪，迎面浮雕牡丹、葵花、葫芦等图案，象征荣华富贵、多子多孙。也有雕刻太极、八卦的，太极和八卦是派生万物的根本，象征着如果宅院主人做生意，将收到"一本万利"的效果。不过，门簪上雕文字的比较多，四个门簪上迎面各雕一字，如"惠我迪吉"，意为引我来到吉祥的地方。如意门上通常为两个门簪，上面雕有"吉祥""福寿""平安""迪吉"等字样，表现出宅院主人的期许。

七、毗卢帽

毗卢帽是古建筑中重要的元素，也是一种重要的门饰。它原本用于佛教神龛中，是一种带有宗教色彩的装饰物。相传佛教僧徒每年农历七月十五举行盂兰盆法会，其中的首座僧为毗卢佛，诵经时常戴一种帽子，因帽檐周边饰有毗卢佛像，故而称作毗卢帽。这种用作衣物的毗卢帽，看起来十分美观，后来逐渐发展为一种装饰品，不仅用于佛教神龛，还广泛装饰在宫殿建筑上。毗卢帽通常安装在宫殿建筑的垂花门上，整体略成船形，两边微微翘起，表面浮雕云龙、云凤等图案，中部做成如意头或冠叶的形状。

　　毗卢帽主要应用在重要殿宇的东西暖殿，有的建筑也在明间使用，比如北京故宫寿安宫的明间就装饰有毗卢帽。此外，毗卢帽也用于炕罩及其他罩类的顶端，通常是利用炕罩的木材本色，采用浅浮雕等，也有一部分用镶嵌装饰。故宫储秀宫西梢间炕罩上的毗卢帽，采用的是浅浮雕，雕有枝蔓绵长的葫芦藤和挂满枝头的葫芦，象征"子孙万代"。

　　毗卢帽是所有装修构件中装饰性极强的一种。故宫太和殿的如意云龙浑金毗卢帽，是最华丽、最精美的毗卢帽了。此毗卢帽由枋、斗拱、垂柱和柱头几部分组成，上面布满金色的雕龙，雕龙之间穿插如意头，如意头黄中透亮，璀璨夺目。如意头的下方雕有仰莲纹，仰莲纹下面是横向排列的金色斗拱，如繁花般层层堆积，形成毗卢帽上部与垂柱之间的过渡。斗拱下方是四根垂莲柱，垂莲柱之间安装四层骑马雀替。垂莲柱和骑马雀替均布满雕龙。垂莲柱下方悬挂桃形垂柱头，上面也饰有盘龙。金色的毗卢帽与红色的垂花门门板形成鲜明的对比。

第六章

风格迥异：门的地域性和不同民族的门

第一节　不同地域的门

我国地域广阔，不同地区的地理气候条件和生活方式有着很大的差别，因而不同地区的建筑风格迥异，门的形制也各具特色。

一、北京四合院的门

北京四合院是我国北方院落民居的典型形式。北京四合院的门不仅是住宅内外空间的过渡，还是住宅主人身份和地位的象征。门的大小和间数有着严格的规定，不能逾越规则。

北京四合院住宅的大门按照构造方式和规格的不同，可以分成两大类，即屋宇式大门和墙垣式大门。屋宇式大门一般适用于有官阶地位或有经济实力的社会中上层阶级，主要包括王府大门、广亮大门、金柱大门、蛮子门、如意门等类型。这几种大门可以有门簪、上下马石和影壁（外八字或一字影壁）等装饰，王府大门、广亮大门和金柱大门还可以设雀替。墙垣式大门一般适用于社会下层普通百姓，最常见的形式是门楼，门上不设门簪、雀替，更没有上下马石等装饰品。

1. 广亮大门

广亮大门是有一定品级的文武官员住宅的大门，一般的商人即使有钱也不准许使用广亮大门。广亮大门通常设在住宅的东南角，一般占据一间房的位置。广亮大门虽然不如王府大门那样富有气派，但是也有较高的台基，门口比较宽大敞亮。讲究一些的广亮大门，门前还开辟一个小广场，门的两边设反八字影壁，门扇安在门洞的中柱之间，使门内外的门洞面积相当。广亮大门的门框两侧分别有一带束腰形式的门板，檐柱之间有雀替、彩绘等既能显示主人身份地位又具有装饰作用的构件，门楣上有四个门簪，门框前设一对抱鼓石。广亮大门的屋顶形式主要是硬山式，屋脊的形式有清水脊和元宝脊。广亮大门外置有上下马石和拴马桩，如今北京已经看不到既有上下马石，又有拴马桩的宅院了。

2. 金柱大门

金柱大门也是具有相当品级的官宦人家采用的宅门形式，只不过规格比广亮大门要低一些。金柱大门的门扇安装在外金柱的位置，所以外门道进深浅于内门道，看起来不如广亮大门宽敞。金柱大门的门框两侧分别有一扇带束腰形式的门板，檐柱之间有雀替，门楣上有四个门簪。门框前设一对抱鼓石。大门外有外八字影壁或一字影壁、上下马石等物。金柱大门的屋顶均为硬山顶，屋脊的形式有清水脊和元宝脊两种。

3. 蛮子门

蛮子门是商人富户常用的宅门形式。这是一种将门扇、门框更向前推移，立在前檐柱处的大门。门前的踏垛没有重带或者与胡同的街面大致持平，也鲜少置上下马石。

蛮子门之所以将门洞的进深取消，在老北京有这样一个说法：宅院主人没有官职，开设宅门的时候，檐柱额枋间不许使用雀替，这样一来，柱头因为缺少装饰就显得很不美观，于是主人顺势把门彻底前移。蛮子门除

了门扇和门框前移外，门的槛框、门板、石雕和砖雕等做法与广亮大门和金柱大门相比并没有太大差别，只是规模较小一些而已。

4. 如意门

如意门是北京四合院中最常见的一种屋宇式大门，一般由富商大贾、社会名流等经济上较宽裕的殷实人家居住，因此虽不像广亮大门、金柱大门、蛮子门那样气派，却也十分讲究。如意门的门扉安装在前檐柱两柱之间，门框左右没有带束腰形式的门板，而是以砖墙代替。门框上可以有两个门簪，在门框上方，各有一个如意形装饰。门框前设有一对抱鼓石。门楣上没有木制的额枋，但有砖雕，雕刻内容十分广泛，多咏诵吉祥、平安、幸福、如意等，也有表达宅主人兴趣志向的。如意门的屋顶都是硬山式，屋脊的形式有清水脊和元宝脊两种。门外可以有外八字影壁或一字影壁、上下马石等物件。

5. 门楼

门楼是北京四合院民居中等级较低的一种门，是一般百姓使用的。在明清时期，北京为国都，城内居住的多是官员、商人等有钱有势的人，因而北京四合院民居中的大门多数是广亮大门、金柱大门、蛮子门和如意门。普通百姓经济能力差，只能在住宅建个小门楼。小门楼为构造简单的纯砖结构，由腿子、门楣、屋顶、脊饰、门框、门扉等构件构成，一般用于三合院或一进院落的小型住宅。和广亮大门、金柱大门、蛮子门与如意门比起来，它的规格尺度小得多，装饰也比较简洁朴素。

二、徽州民居的门

皖南地区在宋元明清时期叫作徽州，是我国古代开发较早的地区之一。以徽州地区的黟县为例，"黟县"这个名字早在初设县制的秦代就已经出现，令人惊讶的是，这座小小的县城在两千多年里从未改名，实属难得。

徽州的富庶是经过历代的积累而形成的。明代时，富饶的徽州人口数量大增，耕地相对减少。这一情况在一些文献资料里有着清晰的描述，比如《安徽通志》中记载道："歙县地狭人稠，力耕所作，不足以供。"民以食为天，在古代中国，这种"食"最直接的来源就是土地。在耕地不足的情况下，为了养家糊口，许多徽州人便走出家门到外地经商，于是经商成了徽州人的"第一等生业"。到了明末清初，商人已经从农业人口中分离出来，成为一个主体。文献记载显示，此时从商人数众多，"商贾十之九"。

经商致富的商人回到家乡以后，纷纷用赚来的钱建造宅院，兴修祠堂。钱多了，土地却相应减少了，因此各家的房屋不可能占地很大，在建筑面积有限的情况下，只有建楼房才能扩大房屋的体积和容量，于是中心院落就变为一方天井。此外，男主人在外经商，留父母妻儿在家，房子就要足够私密，也要绝对安全，于是房屋均用高大的墙体围合起来，只留一个小小的入口供人通行。

虽说只是一个小小的入口，但它却显示了徽州商人雄厚的财力。徽州民居的入口大门主要有两种形式：牌楼式和门楼式。前者是在大门的上方和两侧墙面上凸出一个牌楼状的装饰，后者是在门的上部做出一个屋顶状门楼。

大户人家常将牌楼式大门做成砖壁柱的形式。门的两侧为水磨砖墙，这是一种极为讲究的墙体。这种墙对砖的要求很高，每块青砖烧好之后，都要用磨石将其表面打磨光滑，有砂眼的地方用油灰填平，并且砖的尺寸要完全一致，棱角要整齐，拼起来以后严丝合缝，镶嵌在墙面上。门

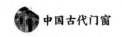

框全部用石头筑成。门框上方两侧设雀替，做成云形或卷草形。石枋为仿木结构，上面刻满精美的浮雕。门额上也饰有精美的砖雕。门楼上常使用木质斗拱或砖质做装饰，斗拱主要由方形的小斗和弓形的拱纵横交错累叠而成，逐层向外挑出，形成上大下小的托座，极具装饰效果。门楼的屋脊和戗脊起翘较高，看起来十分活泼，两端是向外突出的鳌鱼戗角。鳌鱼是传说中海里的大龟，这种以乌龟头部为原形演变出来的图案，放置在门楼上作为装饰，除了提醒人们防火之外，还有着长寿的美好寓意。

与牌楼式大门相比，门楼式大门要轻便、小巧一些，不过其装饰并不次于牌楼式大门，也有砖雕、木雕、斗拱等。

徽州民居院内的房门一般为隔扇门。有的正门内外有两层门扇，外层为镂空菱花隔扇，内层为木板门扇，外表包以铁皮，漆成黑色，称为铁皮门。

我国古代民居的大门一般都是朝东、南、东南三个方向开设的，而皖南绩溪县石家村的宅门则全部朝北开，据说这是为了表示不忘先祖石守信来自河南开封。石守信是北宋初年的名将，相传石家村人是他的后裔。关于石家村住宅大门全部北开的原因，还有一种说法，认为与五行学说有关，南方属火，北方属水，石家村南面有一座形似火焰的山峰，北面有一条小河，在这种地理环境中，宅门向北可以避开火烧。

三、山西民居的门

山西民居是汉族传统民居建筑的重要组成部分。山西民居的建筑样式繁多，以窑洞和四合院最具特色和代表性。

1. 窑洞民居的门

山西地处黄土高原腹地，干旱少雨，木材匮乏且土质密实，因此人们因地制宜，开挖窑洞作为居住之地。山西的窑洞历史十分悠久，据考古研究已有四千多年的历史。窑洞按照结构形式的不同，分为靠崖式窑洞、下沉式窑洞和独立式窑洞三种。

山西窑洞的门一般是拱形的堡门。由堡门进去后，穿过弯曲的隙道，即可来到院内。院内设置着多道石刻的月洞门。门楼自古就是传统民居装饰的重点，窑洞民居的宅门不管形制如何，都尽可能地修建得具有装饰意味。

窑洞的门一般为双扇，开在中间，如果开在一侧则是单扇。大多数窑洞的门是实心的，但有些窑洞的门是镂空的，叫作榗子门。门均由木质框架制成，通常使用柳、榆、杨、椿等木材。有的门扇中间安装铁质或铜质铺首，铺首通常做成常见的"兽面衔环"形式，也有做成"日月同辉""五福捧寿""如意纹"等花饰纹样的图案。窑洞口砌墙安装门窗，多做成一门二窗或一门三窗。靠近窑顶的窗子称为天窗，冬季时能够使阳光进一步照射到窑洞内侧，最大程度地利用太阳的照射。门内靠窗的地方做炕，门外靠墙的地方设烟囱，可以出烟快，有利于窑洞内的环境。

2. 四合院住宅的门

四合院是山西传统的住宅建筑形式。山西的四合院以晋中地区的晋商大院最为典型。明清时期，晋中一带以经商为荣，许多晋商走出家门，在全国各地经营茶叶、盐业、金融汇兑业等，致富之后纷纷返回故里，在家乡广置田地，营建房屋，形成了一批规模宏大而讲究的宅院建筑群体。留存至今的乔家大院、王家大院等是突出的代表。

乔家大院位于祁县东观镇乔家堡村，是清代著名商业金融资本家乔致庸的宅第。宅院由6个大院、19个小院组成，为典型的窄院型四合院。乔家大院的宅门坐西朝东，高大的顶楼和城

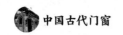

门洞式的门道，彰显了主人非同寻常的身份及地位。顶楼正中央悬挂着一块蓝底金字匾额，上书"福种琅嬛"四字。此匾是"庚子事变"结束后山西巡抚送的，因为当初慈禧太后西逃时，乔家大院曾捐献白银10万两。黑漆的门扇上，安装着一副椒图兽衔铜环，并镶嵌着一副铜对联。大门顶部石雕槛额上写有"古风"二字。整个门景看起来浑厚而质朴。大门对面是一块砖雕百寿图照壁，上面刻着100个不同写法的"寿"字。大门里侧有一条石铺的甬道，把6个大院分成南北两排。南面的3个大院，均为二进四合院，院门是硬山顶半出檐台阶式门楼，需要拾级而进。北面的3个大院，均为庑廊出檐大门，三大开间，便于车轿出入，门外设有上马石及拴马石。

王家大院位于灵石县静升镇静升村，是当地一位王姓财主的宅院。王家大院从康熙年间开始修建，直到嘉庆时才落成。整个宅院建筑规模宏大，面积约达25万平方米，被誉为"中国民间故宫"。王家大院有一座主要宅院的大门，五开间的屋宇坐落在石台基上，中央三开间带有檐廊，大门开在中央开间上，门前有两座石狮子，蹲立在门枕石上，左右两开间为实墙，墙上分别有一幅大型砖雕做装饰，屋檐下的梁枋和雀替上均有彩绘和木雕。两扇板门的上方悬挂一块门匾，上写"凝瑞"二字，意为宅院凝聚着祥瑞之气。门前的檐柱上有一副对联，内容为："仰云汉俯厚土，东西南北游目骋怀常中意；沐烟霞披彩虹春夏秋冬抚今追昔总生情。"屋檐下挂着一对大灯笼，上有"大清诰授中宪大夫"字样。大夫是明清时期的文职官名，在封建时代，除了通过科举考试进入仕途，有钱有势的地主、商贾、士人还可以通过"捐官"的方式做官，即向朝廷捐资纳粟以获得官衔，"中宪大夫"的名号自然是王府用钱买来的。现在这官衔高高悬挂在大门上，加上大门本身的规模和门上的诸多雕刻彩饰、匾额楹联，大门的形制虽然没有逾矩，但气势却超过了京城的王府。

王家大院还有很多次要宅院的大门，它们多是单开间的屋宇式大门，门屋高出两侧的房屋，屋檐下的梁枋上布满木雕，门两边的山墙头上有砖雕，门前设门枕石，石上立着石狮，有的门前两侧还有上马石。

四、江南民居的门

在长江三角洲一带，以太湖为中心分布着我国著名的水乡城镇。太湖平原地势平缓，土壤肥沃，水源充足，气候宜人，得天独厚的自然地理条件，使这一带成为我国开发时间较早、发展速度较快的地区之一。水乡有着优美的自然环境，悠久的发展历史，繁荣的经济文化，也有着淳朴的水乡建筑。

江南民居主要有两大类型。一类是大型的宅院，也就是前宅后园的布局方式。将住宅和园林结合起来，附设私家园林，是江南民居常见的做法，著名的苏州园林在古代其实是民居的一部分，只不过我们现在习惯将其列入园林的行列。还有一类是典型的水乡民居，即一般人家的住宅。江南水乡的民居清淡素雅，给人以温婉、细腻的感觉。街道路面多用青灰色或灰黄色条石及块石铺砌。临河道路则以石阶延伸至水畔，形成水埠。民居建筑的粉墙黛瓦和柔净的水路共同组成了水乡独有的风貌。

江南民居的大门大致有三种，分别是屋宇式大门、牌楼式大门和石库门。屋宇式大门以将军门最为华丽。将军门常用于王府、官府、寺庙、会馆公所等高级建筑，一般民居没有资格配置。将军门通常为三开间，也有五开间和七开间的。大门两边常常设置砖细八字墙（蝴蝶墙）。门上镶嵌排列有序的门钉。每扇门的门钉数量，按照规定必须为奇数，一般为八十一个。门扇黑漆或朱红。门扇上方为额枋，额枋正面有圆柱形门簪，并刻有不同的图案，门簪上置匾额。门扇下为金刚腿门槛，也叫作门挡，可以自由拆卸，便于轿子、马匹或其他重物通行。门槛上有用金属片贴面，也有用竹片贴面，具有保护和装饰的双重作用。门扇两侧常常设置一对相映成趣的门枕石构件，门枕石下部是长方形呈须弥座形式的基座，上部一般为圆鼓形，雕饰花纹。规模考究的将军门，两侧往往还配置辕门。辕门上方镶嵌题字砖额。将军门平时并不打开，显得高深莫测，遇到重大节日或有贵客来访，才开启迎客。

　　一般人家采用屋宇式大门，在单间或三开间中央间的檐柱下设置板门，通常为六扇。板门外常常用竹皮贴面，称为竹丝墙门，既具有保护门扇的作用，也起到装饰的效果。竹片有满钉在门扇上的，也有只钉在门扇下方的。竹片往往宽2厘米左右，长度取决于图案，有横条、竖条、菱形纹等形式。门两侧有类似砖墩的垛头，垛头上部承托檐口部分的形式有飞砖、壶细口、吞金、书卷、朝板等。

　　规模较大的宅院，在每进房屋后墙中轴线上设石库门，作为院落与院落间的分界线。石库门又可以分为两种形式，一种是屋顶低于两旁墙脊的墙门，一种是屋顶高于两旁墙脊的门楼。墙门的门扇多用黑漆板门，门框用石料制成，门头上部施多层砖砌额枋，或设砖质斗拱做装饰，屋顶铺设灰色小筒瓦。门楼是把大门砌成牌楼的形式。门楼的梁枋等部位常常采用砖雕装饰，砖雕不仅具有观赏价值，还是房主身份地位的象征。砖雕的内容丰富多样，一般取材于戏曲故事、神话传说和民间风俗，这些雕刻虽然只是一个片段的细节，但却刻画得细致入微。砖雕的四周饰有山水花鸟、飞禽走兽、水浪云头等图案，增加清丽雅秀的美感。比如有"江南第一门楼"之称的苏州网师园的砖雕大门，门楼部分高达六米，门楼两侧是黛瓦盖顶的风火墙，顶部是一座飞角半亭，戗角起翘，铺设黛色小瓦，造型轻巧别致。屋檐下方的库门是由四方青砖在木板门上拼砌而成，并用梅花形制铆钉镶嵌装饰，看起来既美观又牢固。门楼上的砖雕是用凿子和刨子在青砖上，以浮雕、透雕、镂雕等多种手法雕刻而成的。砖雕中的故事人物栩栩如生，飞禽走兽和植物花卉形象逼真，表现了江南地区细腻柔美的雕刻风格。

　　在江南民居中，还有一种特殊的门，叫作矮闼门，为小型民居所独有。《营造法原》称其"上部流空，下部作裙板之门户，阔三、四尺，高六、七尺"，又说"为单扇居多，装于大门及侧门处，其内再装门"。《营造法原》中的矮闼只有高的一种，但它在苏州民居中有高、低两种形式。高矮闼一般高两米左右，上部为镂空花格，下部为夹堂板和裙板；低矮闼通常高一米左右，形式比较简单。高矮闼是介于板门和隔扇之间的一种门式，门扇很宽，有四抹头，中部有束腰板，上部多为透空直棂，与宋代的格子门颇为相似。

矮闼门在实际应用中主要起到三方面作用：一是用于内外相望和通风采光；二是防御盗贼，因为人们可以在矮闼门上安装类似三叉戟的利器，阻止盗贼翻入，所以杭州地区民间也称矮闼门为"避窃门"；三是江南人一般饲养鸡、鸭、狗等，有了这道矮闼门，可以防止这些动物进入屋内，保持室内卫生。矮闼门是江南民居最外檐的装修，容易受到雨雪侵害，遭到损坏，因此今天我们看到的矮闼门都是近代建造的，工艺上带有许多近代的特征，比如除了榫卯，主要用金属钉联结。

江南民居的房门以隔扇门为最多。隔扇门主要有两种形式：一种是内檐壁面都采用隔扇门，通常六扇成为一组；一种是两侧为板门，门板上设空透的隔扇，板门之间下部设壁板。隔扇门的雕刻内容丰富多样，而且雕刻工艺精湛。格心图案形式有回纹、龟纹、藤纹、锦纹、葵纹、宫纹、水波纹、十字纹等。隔扇之间常贴木雕花。裙板和绦环板正好与人的视线齐高，也是装饰的重点部位。在这两块长方形的木板上，常雕历史故事、民间传说、几何纹样、花鸟走兽等，雕刻技法一般采用绘画性极强的浅浮雕。有的住宅在隔扇下部设置低矮的栏窗，用来遮挡室外的视线和保护窗扇，表面雕刻同样精细，具有很强的观赏性。

五、福建民居的门

福建省位于我国东南沿海地区，受纬度位置和海洋气候影响，夏季凉爽而漫长，冬季温和而短暂。在这种夏长冬短、没有严寒的气候条件下，民居建筑通常根据夏季的气候特点进行设计，室内外空间相互连通，门窗洞口开得很大。福建有不少别具一格的民居形式，其中以客家人居住的土楼最

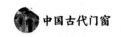中国古代门窗

引人注目。

福建土楼主要分布在龙岩市永定区和漳州市南靖县、华安县、平和县、诏安县、云霄县、漳浦县。民间有建筑土楼的明确记载，始于元代。根据南靖县李氏族谱记载，元仁宗皇庆元年（1312年），李家在南靖县书洋镇下版寮村修造了一座三层方楼——福兴楼。同样在下版寮村，刘氏族在至正二年（1342年）建造了五层圆楼裕昌楼。而官方关于土楼的正式记载，最早源自明代嘉靖年间萧廷宣撰写的《长泰县志》。明代时东南沿海地区常受倭寇骚扰，因此盛行建土楼。清代虽然没有倭寇之患，但天下并不安定，社会的动乱迫使人们继续修造土楼。

福建土楼根据造型的不同，主要分为单体土楼、圆形土楼、方形土楼、半月楼、五凤楼等类型。在诸多土楼形式中，圆楼当数最有趣的一种。圆形土楼有单元式和通廊式两种类型。位于华安县沙建镇岱山村的齐云楼是一座典型的单元式土楼。进入庭院空间，每一开间为一个单元，每单元均在底层设门，作为整个单元的入口，从底层通往各层，每层房间又各有门。通廊式土楼仅在底层设门，可通往各层房间。土楼底层每户的入口全部做成小门，只有半个门洞高，称为"腰门"。因为多数家庭都将底层房间用作厨房，所以腰门的设计建造同实际生活联系紧密，主要用来阻挡家禽家畜进入室内，并防止家里小孩往外跑。

土楼内部的门，通常都不相对，也就是说不位于同一条直线。在大型单环方圆土楼内，为避免出现两门相对的情况，一般以一左一右的方式安装门户。门的木料使用十分讲究。通常而言，杉木门框应取头在下、尾在上，不能随意倒置。较为重要的门框板要取同一根杉木对开，以使木质、纹理和色泽相同。门板要合吉利尺寸，且要取单数。

土楼是一种集体性建筑，内部居住的是同一宗族的人，因此注重内部的凝聚力，不像其他地方的民居用住宅来表现身份，张扬个性。每当春节，各家门户都张贴红纸黑字的门联，有的还在门板上倒贴大张的福字，呈现出一派喜气洋洋的景象。

土楼大门都是按照一定要求设计建造的。古人认为，"门多必失"，所以

许多大型方、圆土楼只开一个大门。大门的朝向通常和整座土楼的座向不相一致。在筑造土楼时，如果因为地域空间的限制，无法使楼的主体厅堂部分在平面上处于理想的方向，人们就会在一个如意的方向开设外大门，来弥补这一缺陷。有时大门不朝南开，而朝东开。

大门是方、圆土楼装饰的重点。客家土楼一般在入口大门四周的土墙上粉刷白灰，同土楼夯土墙的黄土色形成鲜明的色彩对比。在粉刷的墙面上边沿部分勾绘出清水砖式样的边框，边框转角处一般绘有如意图案，比如龙岩市的承启楼、深远楼等都有这种装饰。而在漳州市所属的闽南地区，土楼常用花岗石制作门框，并且处理成外框长方、内框圆拱两个层次，构成土楼入口处独有的构图形式。石门框增加了大门的坚固性，同时丰富了三合土墙面的质感。有的土楼大门比较朴素简洁，比如华安县的二宜楼，除了石刻的楼匾外，只在圆形拱门的上方安装两颗门簪做装饰。

大门的上方是楼匾的位置。在我国古代民居中，只有少数官邸豪宅才可以起宅名。但是福建土楼中几乎每一座楼都有命名，这与聚族而居的行为不无关系。人们平时称呼土楼不说某某人的居室，而是说整个家族聚居的土楼的名称。所以土楼的命名极为讲究，每一座楼都有一个名字。平和、华安、漳浦等地的土楼常用石刻的楼匾，永定、南靖等地的土楼则只是用白灰粉刷楼匾或直接在门上方张贴红纸书写楼名。楼名往往采用寓意吉祥的词汇，有的楼名点明土楼的形式特点，也有的楼名反映土楼的环境特色。最常见的楼名多是表达楼主的某种期许与追求。漳州地区土楼的匾额上往往有石刻纪年，写明建造年代，有时还有族谱为证，比如华安县齐云楼匾额上刻着"大明万历十八年"的字样，而族谱上的记载可以追溯到明洪武年间，迄今已有六百多年的历史。有的大门两侧的对联十分有趣，上下联的首字组成土楼的名称，比如龙岩市永定区下洋镇德辉楼大门处的门联："德邻环四境，辉曜映三台。"

土楼的建筑形式表现了它的防御性能。土楼窗洞在顶层开得最大，越到底层越小，因此敌人难以破窗而入，攻楼的主要目标便对准了出入

口唯一的大门，大门成了土楼防卫的重点部位。大门一般由十几厘米厚的实心木板拼合而成，而且采用的是槁木和梓木等耐火性能极好的木料。门框往往用条石砌筑。双扇实心板门的背后加设横闩杠将门顶住，以防门外的撞击进攻。因为闩杠两侧的插孔是在石墙上预留的或是在条石上开凿的，所以这种固定方法比较牢靠。在龙岩市适中镇，常常可以看到土楼大门做成双重木门的形式，来增加防御性能。

南靖县梅林镇的怀远楼，其大门内侧除了设置横向的门杠外，另外加了三根竖向的闩杠。这种坚固的实心大门不太容易撞开，如此一来，火攻似乎成了进攻者唯一的选择。在门口堆上柴草，放大火烧上几昼夜，即使再坚固的木门，也会被烧毁。不过对付火攻，土楼的主人也有不少良策，除了在木门表面包裹铁皮，还在门顶过梁上放置水槽，同二楼的水箱或竹筒连接，通过往水箱或竹筒里灌水，将水引到门顶的水槽或过梁上，使水均匀地沿着木门外皮流下，形成水幕，迅速地将火浇灭，从而抵御敌人的进攻。如今在一些福建土楼中还能够看到木门被烧焦的痕迹。这些痕迹的背后，也许隐藏着一段曲折的故事。

有的土楼在大门上方的墙顶上备有御敌用的大石头，一旦有敌人进攻，就将这些巨石从十几米高的墙顶上推下，在敌人没有防备之时给其致命一击。这些都是当时人们经过血的教训总结出的奇招妙法，充分显示出了土楼设计者的聪明才智。

知识链接

承启楼

承启楼是圆形土楼的代表，甚至可以说是整个福建土楼的代表。承启楼位于永定县古竹乡高北村，楼的整体布局为四环楼加一院的形式。最外圈是一座高四层的环形楼房，一层为厨房、餐室，二层是仓库，三四层都是卧室。环楼朝向里的一面，每一层都建有一圈内通式走廊，人可沿此廊环绕院落一周。外环楼向内的第二圈楼高两层，每层 40 个房间，两层共 80 间。第三圈是平房，有 32 个房间，全部是客厅，每个门前都有一个小天井。再往里就是中心院落了，中心院落是由祖廊、回廊、半圆形的天井组成的单层的圆屋，其中最重要的建筑就是祖堂，祖堂是祭祖和举行家族大礼的地方，设在院落的中央。沿祖堂正面向前至外环楼，在其中心线也就是整个建筑的中轴线上，每个建筑内建门厅，墙上辟门，而位于外环楼墙上的门也就是承启楼的大门。此外，外环楼墙上还另开有两个侧门。承启楼建筑巨大，但其中的住房大小均等，完全没有所谓的尊卑等级，体现人与人之间和谐平等。

第二节　不同民族的门

　　我国是一个多民族国家，不同民族的传统建筑存在着显著差异。少数民族建筑呈现出不同的门式，为千姿百态的门的世界增添了奇异的光彩。这里主要介绍藏族、白族、朝鲜族、蒙古族、维吾尔族以及纳西族的传统门式。

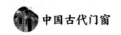
一、藏式大门

藏族主要生活在高海拔的青藏高原上，拉萨地区平均海拔为 3650 米，主导风向为东西向，所以民居多朝向南方。建筑一般为砖、石、土、木混合结构，并且多楼房，楼房外观类似碉堡，又称为碉房。西藏降雨较少，普通房屋一般使用平顶，只有宫殿、寺庙等高等级建筑物才在平顶上加建木构殿堂。

藏族民居往往只有一个门用于进出，以加强防御功能。大门强调下大上小的感觉，与建筑的整体造型相协调。为了防止墙面单调，并使门窗突出，往往在门窗上做出小屋檐，也称为雨搭。雨搭既可以遮挡雨水，又可以保护门窗。对于墙高檐短以及没有出檐的藏族民居来说，设置雨搭是很有必要的。雨搭的结构是，将两至四层纵横枋做成椽头形状的扣榫，以椽上搭枋的形式不断重复，上下相扣，逐层出挑大约五厘米。椽子的数目逐层增加，枋的长度也逐层扩大。顶层木枋搭的上部覆盖碎石与黏土，并做成前低后高的斜面形式。雨搭还有着显著的装饰效果，是重要的装饰物件。素雅一些的雨搭椽头只用黑白色相间来做装饰。讲究的住宅常在雨搭椽头上用五彩绘出孔雀翎一般的鲜艳色彩，有时也运用色彩的退晕、渐变等手法使整体素净的土墙或毛石墙的民居具有耐人寻味的细部。

藏族民居的门通常是单扇板门形式，宽约一米，高度很矮。门小、板厚、低矮，主要是为了防卫、防寒，同时也有受房屋层高限制的因素。门两侧饰有上小下大的黑色边框，寓意"牛角"，能带来吉祥。藏族先民信奉的图腾之一是"牦牛"。牦牛是藏族地区十分常见的动物，它们就像沙漠里的骆驼，是当地主要的运输和交通工具。"牛角"这种装饰在藏族建筑中应用得十分普遍，无论何种等级的建筑，都可以应用，这也是藏式建筑风格统一的一大原因。一些高规格的大门，门侧设置古老的贴墙斗拱，在斗拱和挑檐上装饰彩绘。还有的大门在边框和额枋部位雕绘生动细致的卷草图案、几何纹样。至于殿宇、佛寺大门的装饰则更为精美华丽，门上安装铜质门钹，门框上做出许多线脚，层层退入，每层线脚上都雕刻连续的花纹图案，比如莲珠、莲瓣、菱形套环等，这些边框雕刻都饰有油漆彩画。"香布"也是藏式大门上的一种特殊装饰。香布一般由五彩绸布缝制而成，悬挂在门窗上部。香布一挂就是一年，即使因风吹雨打日晒而褪色、撕裂，也不能换掉，只能在每年藏历五月十五日才能更新，因为这天是藏族的"林卡节"，汉语的意思是"世界快乐日"。香布的使用客观上装饰和丰富了建筑的立面，并且对门窗下的彩画起到了一定的保色作用。粗犷的泥石建筑搭配上飘柔的纺织品，突出了西藏建筑的特色。

二、白族门楼

白族，主要聚居在云南省大理市白族自治州。白族民居的大门分为两种形式，即有厦门楼和无厦大门。有厦门楼也称"三滴水"门楼，为大型民居所采用，通常为三间牌楼形制。这种门楼有"出角"和"平头"两种形式，其中有厦出角式最为华丽，它的特点是在门的两侧砌筑两个突出墙面的墩柱，两墩柱之间设置横枋，枋上为层层斗拱，挑出支撑着上面的屋顶，屋顶两端起翘，使屋檐成为一条完整的曲线。尖尖的翼角翘起，檐下采用泥塑或木质斗拱做装饰。梁枋和斗拱上均刻满图案，并施以彩绘。图案内容丰富，有龙、凤、狮、兔、松鼠等动物，也有各类水果、植物花卉。讲究的人家通常会把大门两侧的墩柱加宽做成翼墙，在墙头或墙面嵌以大理石或饰以绘画装饰。门框上均有繁复的木雕装饰，枋上用浅浮雕手法雕刻双龙戏珠和其他禽兽、植物花纹，枋与枋之间是一块块木雕构件，用动植物组成松鹤常青等图案，枋下用葡萄等攀藤

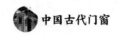
植物组成挂落。这些雕饰将整座门楼装扮得华丽多彩，使其成为白族民居中颇具特色的建筑物。

无厦大门一般是尖拱门。尖拱门是本土文化和外来文化交融的一种象征，可能是回乡建宅的商人引入的外来式样，也成为大理门楼的一种形式。这种门的艺术价值不是很高，但却因记录了特定的历史过程而被传承下来。

三、朝鲜族民居的门

朝鲜族是北方的少数民族，主要分布在我国东北地区图们江、鸭绿江、牡丹江、松花江等流域。朝鲜族建筑以住宅为主，没有寺院庙宇和其他公共建筑。村镇房屋一般都是沿路建造。多数房屋带有院落和院墙，各户分隔独立；院前院后空地相等，形成行列。朝鲜族民居和汉族民居相比有着很大的不同：汉族民居讲究朝向，强调向阳，但朝鲜族民居对于朝向并不十分重视；汉族民居主要是建筑围合的院落，朝鲜族民居则以单体为主，最多只有一个厢房，并且院落很大；汉族民居的院落都用高墙围合，封闭性很强，而朝鲜族民居院落的周围是用木板片做成的矮篱笆，追求开敞。

朝鲜族民居房屋平面为横长矩形，以四开间居多，少数有拐角房，主要房间为正间，是日常起居之处，又作为长辈、客人的卧室，房内有炕桌、衣柜，体积较大。在正间右侧布置居室，供子女居住，或者作为储藏室使用。

朝鲜族民居房屋前后都设门，传统的门式为抽拉门，门的隔扇做成落地。门窗一般为直棂，横棂较少，窗棂细且密，而且朝鲜族不分门、窗，门可以作为窗子用，窗子也可以当作门通行。

朝鲜族民居院落的门，不开在院落正前方，而是常常设在院子侧面靠近房屋的地方，如果院落前方邻近大道，就会另设双扇门供大车出入，不过平时家里人进出，还是多使用侧门。

四、蒙古族蒙古包的门

蒙古族是北方的游牧民族，他们的传统居室是蒙古包，也叫作毡包。"包"在满语中有"家""屋"的含义。蒙古包在我国传统民居中是一种十分独特的形式，在世界民间住宅里也是引人注目的存在。蒙古包在汉代时就已经出现，发展到今天已经相当完善。它外表看起来简单轻巧，方便拆卸和搬迁。一顶蒙古包只需要两头骆驼或者一辆运输车就可以运走，两三个小时就能搭建完毕。蒙古包的制作也十分简单，一般的民间手工艺人就能制造。蒙古包看似小巧，其实室内空间很大，而且采光佳，空气流通，不怕日晒雨淋，很适合游牧民族居住。

蒙古包的门有以下几个特点。一是都朝向东方。这样设置方便早一点接受日照和抵御寒冷的西北季风的直接侵入，将门设在东方，可以在一天的起始一开门就享受到太阳的恩泽。二是蒙古包的门都很低矮，去掉上框和门槛以后，门洞的高度仅有一米左右。不过这对门的使用功能并无影响，因为地板、家具等大物件并不从门口搬入。在没有将哈那围合的时候，人们就已经把与蒙古包圆形平面相适应的木板铺在地上，并将体积较大的家具摆放好了。只是当人从门口出入的时候，需要弯腰才能进出，但这并没有给人不方便的感觉，因为这种设计是与当地气候相适应，是科学合理的：在严寒的冬季不会由于开门而进入大量冷空气。三是蒙古包的门框上有许多凸出的小木桩，这些木桩之间的距离和哈那一个个端头的距离相等，目的就是固定乌那。每一根乌那的下方都有一个小细绳圈，直接把绳圈套在小木桩上即可。四是蒙古包的门内侧装有传统形式的木门舍，门扇内外侧都粉刷色彩鲜艳的颜料，有的则是浅雕、浮雕或饰以彩绘。门的外侧安装挂锁搭扣，不过通常情况下并不锁门，因为蒙古族牧民居住分散，十几里才有一家，很少有陌生人造访，而且蒙古包外有牧羊犬守卫。由于蒙古包为圆形，室内方位的确定以门为参照物。正对门的一面和右面是男主人平时活动及接待客人的区域，正面为主位，主位左边是妇女日常活动和居住的地方，这里放置着炊具，靠墙边放置着箱柜。门边西面放置鞋靴，北面堆置燃料。这种右为上、左为下的形式和汉族相近，但同满族的习俗一致。包内中央位置为炉灶。

13 世纪中期，蒙古王公贵族为了在居室上区别于一般平民，对所居蒙古包进行了一些改进，称为"宫帐式蒙古包"。这种蒙古包在结构、用料和装饰方面与普通的蒙古包略有不同。宫帐式蒙古包一般使用格门，格门的绦环板做得较大，表面绘有各种图案装饰，看起来既华美又气派。门前还设有木台阶。

五、新疆维吾尔族民居的门

新疆位于西北内陆地区，地域辽阔，远离海洋，气候干燥，是古代中西交通的要道。这里有著名的阿尔泰山、天山、昆仑山等山脉，高山上常年冰雪覆盖，夏季冰雪融化后形成条条内流河，河水所经之处留下一片片绿洲，成为人们劳动生息的地方。世代生活在新疆的维吾尔族居民，在漫长的发展历程中创造了风格独特的民居建筑，而由于自然环境和社会生活的差异，不同地区的民居建筑又呈现出不同的特点。

新疆地区维吾尔族民居的院墙门主要有两种形式：一种是木构架半截木栅门，形态类似内地的乌头门；另一种是带门斗的院门，外观酷似屋宇式大门，由于雨水稀少，大门屋顶同主体建筑屋顶一样采用平顶，有时在门顶两端修建"土墩"，类似翘起的屋脊。有的是砖砌平檐，这和内地民居的大出檐形成鲜明对照。

吐鲁番地区维吾尔族民居的入口大门，叫作户大门。一般采用筒形土拱结构，沿街部分是两扇宽且高的木装板门，门扇上部制作棂花窗。大门的外观立面造型主要是拱形，有半圆形和

二心圆弧两种形式，
看上去简洁而大方。
户大门是一个有深度
的多功能空间。门洞
的通行量很大，这是
专为大木轮车通行而
设置的。这种深门洞
是庭院和外部的过渡
空间，既围合又穿透，

拱洞内有穿堂风，是儿童戏耍的地方，也是妇女平时做家务和社交的
场所。

　　新疆南疆喀什地区维吾尔族民居受西亚和宗教影响比较大，在门扇、
门框和门压条上通体做木雕。而于田、和田等地则以横披和门框顶部作为
主要装饰部位，横披主要装饰镂空花板，花式木栅和门框顶部以木雕为
主，构图简洁，重点突出。北疆地区除保留一些传统式样外，大部分是近
代的板式门。房屋建筑上的门往往是细窄的拱形门，门扇及边框均漆成天
蓝色。

六、纳西族民居的门

　　纳西族是一个古老的少数民族，主要居住在云南省丽江市。纳西族的
崛起是在 13 世纪，元世祖忽必烈分封纳西族上层人士，并设丽江路军民
总管府，后来又将府改置宣抚司，由纳西族的一个头人家庭世代承袭。从
元代初年到清雍正元年的四百多年里，纳西族地区都隶属中央王朝直接统
治，因此其社会发展一直很稳定。纳西族的民居建筑也在这几百年的发展
过程中，在本地区、本民族特点的基础上，广泛吸收其他地区和民族的优
点，并在平面布局、构筑艺术等方面逐渐形成自己的风格。

　　纳西族民居大门本身是一般的板门，并没有出彩之处，其特点主要体
现在门楼上。门楼形式包括砖拱、木过梁平拱和木构架三种，其中以砖拱

式最为普遍。砖拱式门楼一般做成中间高、两边低的三滴水牌楼形式，筒板瓦顶用砖层层挑檐，端部起翘；门楼造型生动形象，细部构造丰富多彩，同整个民居简朴的立面形成鲜明对比。门洞边框的墙柱通常采用砖缝整齐的青砖镶面，门洞边的砖往往装饰精美的线脚，有的还在局部镶嵌带花纹图案的大理石块。一些大型的门楼采用木构架形式，屋顶通常为一滴水的双坡屋顶。屋面形式不仅有悬山式和歇山式，还有庑殿式，檐下常用多层花板、花罩进行装饰。

纳西族民居的院门普遍东开或者南开，取"紫气东来""彩云南现"等吉祥之意。一些家庭宁可牺牲用地、多走弯路，也要坚持大门朝向东南的习俗。另外，大门不能直冲道路，尤其是门前的大路，纳西族人认为这是不祥的，如果实在难以避免，就要在门上书写对联来防"冲"，常见的对联上联为"泰山石敢当"，下联为"箭来石敢挡"，横批为"弓开弦自断"；入口处的大门不能朝向正房的六扇格门；普通人家的大门不能开在院子一侧的正中，只能建于院子一侧的某个角落，只有有一定身份地位的人才可以把门开设在正中。

纳西族民居和白族民居一样采用"三坊一照壁""四合五天井"的组合方式。不管哪一坊房屋，底层明间朝向天井的一面，一般都在两侧抱柱坊之间设四扇或六扇装饰精美的格扇门，这是丽江纳西族民居中细木作的精华所在。大门格扇的框料主要可以分为五个框，包括上、中、下三个长方形小框和上下两个竖长的大框。下部大框中往往填"一块玉"的门肚板，上部雕饰干净简单的线条和图案。上部的大框一般填一块木雕艺术品，是木雕装饰的重要部位，或雕饰图案形花格，或在图案上雕刻"治家格言"，最多的是做成双层透漏的漏雕，底层为穿花图案，表层刻有生动的祥瑞鸟禽动物、四季花卉、博古器皿、琴棋书画等，构图组合别具匠心，雕刻技艺纯熟精湛，每一扇门都蕴含着一个故事，十分引人注目、耐人寻味。

下篇　窗

第一章

意蕴深远：窗的历史及文化内涵

窗是开在屋顶或墙壁上用来透光通风并供人张望的口子。我国古代建筑物上的窗渊源久远，承载着社会、历史、民俗、审美等多层次的文化内涵，已经成为传统文化不可分割的组成部分。让我们从窗的历史和文化内涵开始，走进窗的世界。

第一节　窗的形成与演变

一、原始社会的窗

窗，最初名"囱"。许慎《说文解字》解释说："囱，在墙曰牖，在屋曰囱。""牖，穿壁以木为交窗也。"古人把开在屋顶上的窗叫作囱，开在墙上的窗叫作牖。这里的墙，不仅包括院墙，还包括房屋四周的墙壁。《论语·雍也篇》中有这样一段话："伯牛有疾，子问之，自牖执其手，曰：'亡之，命矣夫！斯人也而有斯疾也！斯人也而有斯疾也！'"大意是，孔子的弟子伯牛（即冉耕）生病了，孔子前去看望他，透过窗户握住他的手，安慰和感叹了几句。伯牛不可能睡在院子里，只会睡在屋内。可见，在古代房屋上的窗子也叫作"牖"。后来，人们将墙上所有透光通气的装置称为"窗"。"窗"

在古代既指天窗，也指旁窗。东汉王充《论衡·别通》描述说："开户内日之光，也不能照幽；凿窗启牖，以助户明也。"古时候有些房屋只有板门，没有窗户，即便打开板门让阳光进来，也照不到幽暗的地方，室内依旧不够明亮。而开凿天窗，则有助于照明。这里的"牖"，指的就是天窗。《周礼·冬官·考工记·匠人》中说"四旁两夹窗"（《郑》注：助户为明，每室四户八窗也），这里的"窗"指的是旁窗。《文选·古诗十九首》有"盈盈楼上女，皎皎当牕牖"句，从中我们可以想象出清雅空灵的花窗造型。

关于我国最原始的窗户，由于年代久远，目前已经看不到实物，只能根据考古发现的一些明器陶屋造型来复原远古时代的建筑，通过这些复原的建筑去推测窗户的设置、使用情况和主要作用。

位于陕西省西安市浐河东岸的半坡村遗址，是新石器时代仰韶文化聚落遗址，这里的建筑遗存生动地反映了半穴居晚期房屋建筑的发展状况以及地下建筑向地面建筑过渡的情景，可以视为当时黄河流域建筑的典范。那时候，半坡居民的住宅是半穴居式的房屋，房子周围的土穴墙面均为垂直的泥壁。竖穴在演变过程中是由深至浅的，早期的竖穴深度在80~100厘米，晚期的深度为20~40厘米。后来，半穴居式的建筑发展成为完全的地面建筑，窗户也开始出现了。

半坡居民的房屋里建有火塘，人们用它来烧饭、取暖和烘烤衣物，火塘冒出来的烟伤害人的眼睛，人们便在屋顶上开设一个口子，专门用来排放烟气。早期的方形住宅，排烟口开在房屋尖顶的最上方，由于屋顶结构的需要，椽木交接处也位于顶端，因此那时的方形住宅开口酷似今天我们看到的蒙古包顶端的陶脑（天窗），窗子的开口中有许多根椽木，从中心点向外呈放射状。这个开口大约就是古人所说的名为"囱"的古代窗子了。

这种囱可以看作最古老的窗子，当时不仅用于半坡村的方形房屋，而且也在黄河流域其他地区的一些圆形住宅中得到使用。位于河南省洛阳市的孙旗屯遗址，是一处大型的原始聚落遗址，据相关复原图显示，这里的半穴居住宅是一种圆形平面、竖穴呈袋形、用植物茎叶搭建成圆锥形屋面的建筑。虽然其地下竖穴深达一米，且形态与半坡村的不一致，但是顶部的囱却和半坡村的极为相似。

在锥形屋面的顶端设置囱，就排烟通气而言是很不错的，不过对于采光和防雨来说就不那么便利了。于是，原始人类将房屋上囱的位置从屋面顶部移到了屋盖稍下一点朝南的部位，如此一来，冬天的时候就可以避免寒冷北风的吹袭了。后来，囱的位置进一步向下，开在了屋面的中间部位，大约相当于今天的欧式建筑老虎窗的位置。为了防止雨水流入天窗口，对室内造成破坏，人们又在囱的上部将泥土堆厚，形成一种防雨的凸棱，使雨水不致从上部屋面流入囱内。每逢雨天，人们就用草遮挡住囱，确保室内不会进雨。另外，囱的位置设置得低一些，有助于室内的采光，可以使阳光在一天之中的大部分时间，都能直射到屋内。

当然，以上描述带有一些猜测的成分，并不是确凿无疑的。不

过，通过目前发现的原始聚落和房屋遗址，我们可以准确地判断当时墙壁的形状高度、房屋的支撑木柱以及火塘的位置。而从遗址的残存物来看，我们也可以确定当时屋面使用的材料主要是草筋泥面，泥土是内外两层涂抹的。因为泥土坚硬无比，可以想象当时的人们大概还对屋面的泥土进行过烧烤。西安半坡村出土的一座住宅遗址中，保留了一些草筋泥凸棱残段，尤其是尽端残段，为这种凸棱就是屋盖上囱的防水边缘提供了实证。这一点也在陕西省武功县游凤仰韶文化遗址中发现的圆形陶房上得到了证明，陶房入口同一侧的屋盖上就设有天窗。遗址中房屋入口的位置基本都是朝南的，由此可以推断，那时候的囱也是朝向南方的。

穹庐式屋顶的窗子全部以囱的形式开设在屋盖上。因为囱是斜对着天空的，所以灰尘和雨水容易进入室内。随着房屋结构的演变，产生了一种新的建筑方式——木骨泥墙，它的出现标志着房屋完全由地下或半地穴式转到了地面。垂直墙体的上部加盖人字形的双坡屋顶，初步奠定了后世建筑的基本形态，窗子的位置也从屋盖转移到直立的墙面，这就是所谓的"牖"。不过原始的双坡水屋顶房子的牖同后来的窗比起来，还是非常简陋的。

河南省郑州市大河村遗址是一处原始社会晚期的聚落遗址，据推测，当时的房屋造型已经具有现在双坡水屋顶的雏形。墙体为木骨泥墙，屋盖也是相同做法，但涂抹的泥是草筋泥。当时的房屋已经不再设天窗，而是在山墙的顶部涂泥，这样，枝干骨架间的一个个小方孔就相当于窗洞，骨架就相当于窗棂格。这种窗子虽然不够美观，但是防雨和防尘性能却远远超过天窗。成熟的建筑物窗户就是由这种原始房屋的牖演变而来的。

原始社会住宅的窗子，从早期到晚期形态上变化较大，性能上也有着很大改进，为窗以后的发展奠定了基础。

二、商周时期的窗

商周时期的窗已经看不到实体，而且形制也难以考证，因此只能从一些出土的文物上寻找其踪迹。河北省石家庄市藁城台西商代遗址中，有长方形和三角形的风窗、木棂窗遗迹。遗址中的木棂窗高达一米，宽约两米，可见当时室内通风采光的水平已经取得较大进步。到了周代，窗的样式更为丰富。一尊出土的西周兽足青铜方甗，正面设双扇板门，其余三面铸十字棂漏窗。还有一例春秋伎乐铜屋，平面为长方形，三开间，没有墙和门，两侧均为带棂心的落地窗，类似后来的格扇；后面铸十字棂漏窗，造型古朴而通透。

早期的窗虽然制作技术稚拙、造型相对单一，但却极大地丰富了建筑立面，室内的通风采光也因此得到改善。

三、秦汉时期的窗

秦汉时期，我国的建筑工艺得到长足发展，尤其是榫卯技术的广泛使用，使高大的楼阁不再依附于夯土高台。建筑的发展也使窗子的样式变得丰富，一些考古发掘的汉代明器记录了这一时期窗子的基本面貌，比如广州市龙生岗 4015 号、大元岗 4022 号东汉前期墓所出土的陶屋上出现过支摘窗，四川省彭州出土的画像石中粮仓上设有横披窗，直棂窗、院落围墙漏窗在汉明器中也有展现。直棂窗在由汉至唐的千余年里，一直是最常见的窗式。汉代陶屋、陶楼和画像石等出土文物为我们展现了当时直棂窗的一些特征：窗子的形状有方形、圆形和长方形，以长方形为主；窗子通常固定在墙面上，无法开启；一般的窗子安装直棂，比较讲究的窗子安装格子窗棂，以斜格贯连小圆环者称为"琐文"，以斜格贯连菱形者叫作"绮疏"。此外，网纹、横棂等棂子式样也出现在汉明器上。

东汉时已经有了纸张，但由于产量有限，并未用来裱糊窗户。冬季，为了抵御严寒，人们用泥土堵塞窗户，或者将丝、麻等织物蒙在窗上。秦汉时已经发明了本土的铅基玻璃，人们称其为琉璃。据西汉刘歆《西京杂记·卷一》记载，汉成帝宠妃赵合德居住的昭阳宫，"窗扉多是绿琉璃，亦皆达照，毛发不得藏焉"。汉代室内窗前多挂帷幕，其为后世窗帘的前身。

四、魏晋时期的窗

魏晋时期，直棂窗流行起来，许多房屋的围墙上设置成排的直棂窗。窗的外形出现方形和券形等，且制作十分精细，有些窗户的四角也被精心雕琢，刻有放射状或缨络、金属饰件的纹样。梁思成在《中国建筑史》中写道："石窟壁上有开窗者，多作近似圆券形，外或饰以火焰或卷草。佛光寺塔及魏碑所刻屋宇，则有直棂窗。"

魏晋是动乱的时代，士人们普遍崇尚老庄哲学，逃避现实，追求隐逸，由此形成对自然景观和人文景观的迷恋，文人造园运动风起云涌，这导致窗的社会功能变得复杂。窗处于景观和室内的相接处，具有"隔"的作用，同时将人们的视线由室内转移到室外。窗上挂竹帘，使得室内观景具有一种朦胧感，满足了士大夫玄虚自许的心态。谢灵运在《山居赋》中写道："罗层崖于户里，列镜澜于窗前。"谢朓在《新治北窗和何从事诗》中说："辟牖期清旷，开帘候风景。"将自然景观罗列于门窗之前，使建筑与景境相融合，景色收纳于户牖之内，大大升华了窗的美学意义。

五、唐宋金元时期的窗

唐代建筑以雄伟的气魄和宏大的规模超越前代，作为细部构造的窗和建筑主体相互呼应，彰显了盛唐建筑的雄丽风格。

唐代依然盛行直棂窗，而初唐时期乌头门的门扉上部亦安装较短的直棂。据现存唐末绘画显示，这一时期的格扇已经分为上、中、下三部分，

而上部较高，装有直棂，便于采光。在江苏省南京栖霞寺舍利塔和陕西省乾县唐懿德太子墓壁画等绘画作品中，可以看到唐代直棂窗的形象特征。

宋代建筑工艺日趋成熟，装修木作精益求精，窗的形制更加完善，种类也更加丰富，窗扇的开启和闭合更为自如。这时的建筑普遍使用通风、透光的木棂窗，人们称其为"亮隔"或"凉隔"。窗上裱糊轻薄、透明的丝绸或纸。除了继续沿用唐代以来盛行的直棂窗外，这一时期还出现了槛窗、阑槛钩窗等窗式。

槛窗的结构与落地组装的格门类似，不过它的窗扇只有格心和绦环板两部分。槛窗有较大的通风采光面积，可以自由拆卸和转动。阑槛钩窗是内装槛窗、外设栏杆的一种复合窗式，打开窗扇后可以靠在栏杆上欣赏景观。阑槛钩窗一直流传至今，在徽州一带的明清古宅中依然可以看到其踪迹。宋代格门应用十分广泛，并促进横披窗得到相应发展。建于金代的山西崇福寺弥陀殿，其横披窗以繁丽的三角纹、古钱纹等与格门相呼应，形成精美的立面风格。宋元时期，江浙等地的寺庙广泛使用睒电窗，这种窗的棂条为水波形，极为优美，《五山十刹图》记载了这种窗式。清代格扇中有一种水波纹，造型与之相似，估计是睒电窗纹样的变体。

六、明清时期的窗

明清时期是我国封建社会的尾声，此时的经济继续向前发展，文化高度繁荣，传统建筑步入鼎盛时期。士人们怀着出世的心态追求雅致生活，参与修造园林建筑，撰写造物艺术理论，使传统装修达到了空前的高度，进而带动了窗的进一步发展。这一时期，窗的形制趋于成熟，样式多种多样；制作技艺规范，精益求精。窗棂的纹饰繁多，大致包括直棂、菱花和棂条三种类型。唐宋时期普遍应用的直棂窗此时已经很少见到了，到明代时发展成"一码三箭"的样式，清代只在一些次要建筑上使用这种窗式。菱花类的格扇窗精美、细密，制作起来费工费时，一般只有宫殿、寺庙采用。棂条类的格扇疏朗有致，适应性强，盛行于民间多种建筑。在江南园林中，长窗、漏窗和洞窗精致、典雅，成为最有观赏价值的部件。明清是我国传统建筑留存最多的朝代，且有不少文献资料辅助诠释，因此我们能够比较系统地领略其窗文化的风采。相比而言，明代的窗讲求整体韵味，风格比较疏朗、简洁；清代的窗则重视雕饰，风格比较繁丽。

 知识链接

一码三箭

　　"一码三箭"是一种特殊的窗型，是直棂窗的进一步发展。这种窗子的棂条细长，就像箭一样，为了增强棂条的稳定性，通常在竖棂的上、中、下三段使用三根水平棂条。因为这种窗子反映的图案形象仿佛箭支插在箭囊上，因此称其为"一码三箭"，也叫"码三箭"。在我国古代，不管是寺庙建筑还是民居建筑的装饰，都普遍使用"一码三箭"。

第二节　窗与传统文化

一、礼仪制度在窗上的体现

　　在中国古代，礼制是治理国家的指导思想。礼制反映在社会生活的各个方面，不仅约束着伦理道德，还影响着人们的生活行为。礼制作为道德思想和行为的一种规范，其核心就是等级思想和等级制度。建筑等级制度是我国古代建筑最基本的特征，建筑中的每一个构件几乎都体现出等级观念，作为建筑实体重要组成部分的窗，更是带着鲜明的等级色彩。窗子的装饰风格直接反映建筑等级和房主的身份地位，窗饰在构图和用色上等

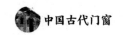

级区分严格，清晰地表现了这种传统的仁义道德秩序。比如窗户的格心部分，做法必须体现等级差别，最高级做法为菱花，按照由高到低的顺序排列依次是三交六椀菱花、双交四椀菱花、斜方格、正方格和长条形等。窗扇的绦环板也是根据等级采用不同的纹样，用龙纹、如意纹等，不重要的建筑不对窗扇的绦环板进行装饰。

窗在反映建筑等级的规制中也有个别特殊情况，那就是在有些高等级的建筑物中窗的等级并不高。实际上这也是建筑等级制度的一个特征，建筑礼法素来有"上可兼下，下不得拟上"的说法，这在建筑物上同样适用。较高等级的建筑可以使用较低等级的窗式，但较低等级的建筑绝不允许使用较高等级的窗式。当然这样规定，除了有礼法上的考虑，还有使用需要上的原因。

皇家建筑同民间建筑相比，装饰题材、内容、色彩、图案等也无一不在反映等级差别。通常来说，皇家建筑的窗子主要使用龙、凤等纹样，色彩以红、黄为主，看起来华丽而高贵，民间建筑的窗子则只能雕刻花鸟鱼虫，使用素色。在封建时代，龙是皇权的象征，除了宫殿之外，不允许在任何建筑上使用。但事实上，龙的形象普遍用于民居装饰中，只不过民间的龙几乎都是变体。此外，儒家的仁、义、礼、智、信以及忠孝等伦理观念，是传统窗饰的题材来源。"二十四孝"中的"卧冰求鲤""黄香扇枕温衾""岳母刺字"等，是窗饰中比较常见的内容。

我国古代建筑广泛使用矿物原料的丹或朱，以及黑漆桐油等涂料敷饰在木结构表面，用来防腐和装饰建筑，但在等级制度严格的封建时代，油饰彩画也有着严格的等级之分，为门窗涂油饰增添了不少讲究。古人从自然万象的色彩规律中总结出红、黄、蓝、白、黑五种基本色相，并将它们视为寓意吉祥的"正色"，作为用色的标准。不同的颜色有着不同的象征意义，比如红色代表富贵吉祥，绿色表示万年长寿。色彩的运用不仅取决于它的寓意，而且受到社会礼制的制约。据《礼记》记载，帝王用红，诸侯用黑，普通官员用黄。当然，不同朝代对用色的规定是有差别的。魏晋时期，窗框周围分布有琐纹雕刻，一般用群青饰色，称为

"青琐"。北朝时窗饰色彩主要是青绿色，同朱门形成鲜明的色彩对比，称为"碧窗朱户"。唐宋时期窗饰的色彩比较丰富，据《营造法式》描述，这时有土朱刷，也就是土红色效果，可以在土红中间杂使用黄丹、土黄和绿色，或用青绿饰边界；还有合绿刷或合朱刷，合是指合成色。总之，大概就是红色或绿色系列，它们都可以同上述间杂使用的色彩相互搭配。明代《舆服志》明确规定："品官房舍门窗户牖不得用丹漆……三品六品厅堂梁栋只用粉青饰之……底民庐舍不过

三间五架，不许用斗拱饰彩色。"明清时期，宫殿重要建筑的槛窗红底描金，而民间的窗饰用色丰富多彩，有的使用木质本色，有的使用红、绿、蓝、橙、金等彩色，素色和彩色相互衬托，冷色和暖色相互对比，有效地渲染了环境气氛，有着强烈的艺术感染力。

二、窗饰与民俗文化

民俗文化是普通人民群众在长期的生产生活中形成的一系列风俗生活文化的统称，它对我国传统建筑最大的影响体现在建筑的装饰艺术上，这种影响力在窗饰上表现得尤为明显。在森严的等级制度下，不同身份的人要按照规定使用相应的建筑，不能逾制，不过封建礼仪并没有对建筑的细部构造进行过多限制。人们利用在门窗上准许的有限自由，表现出许多有趣的东西。由于窗在屋身上占据相当一部分面积，又常常是人们注意的焦点，所以体现中国人思想内涵的装饰时常应用在传统建筑的门窗上，成为整座建筑装饰的重点。

窗的文化内涵是通过窗的纹饰和图案展现出来的，在窗饰图案中，

谐音、暗喻、象征是普遍使用的手法，窗的美往往不言而喻，充分体现了中国人偏爱含蓄、不喜直露的习性。明清时期，充满世俗意趣的人物故事、花卉禽兽成为装饰的主要内容。窗的装饰题材流露出普通群众的期许与愿望，福、禄、寿、喜成为广大人民的理想追求，这些意识和理念均经动植物形象或一些器物以象征或比拟的手法在窗饰中反映出来。动物中的鹿、仙鹤、凤凰，植物中的梅、竹、松、莲等代表着吉祥、富贵、长寿、高洁，于是人们将其中的两种或者三种、四种组合起来表现更多的寓意。松树、仙鹤组合在一起，象征长寿；梅、竹、松号称"岁寒三友"，它们经冬不凋，傲立风雪，表现出一种在逆境中坚韧不屈的崇高气节，用来形容人忠贞坚毅的情志；蝙蝠、梅花鹿、麒麟、喜鹊组合在一起便是最常见的福禄寿喜的吉祥图案。用扇形窗象征抬头见喜，用与门相对的桂花窗寓意"富贵迎门"，用莲与鱼象征"连年有余"，用石榴、葡萄、葫芦、藤萝等表示"子孙昌盛"，用瓶中插月季或四季花寓意"四季平安"，等等。江南民居中常常可以在门窗雕刻上看到渔民打鱼、樵夫打柴、农夫耕地和仕人读书的画面，反映了当地人的生活现实。还有一些民间故事、神话传说、戏曲人物，如牛郎织女、八仙过海等。它们在窗饰图案中的应用反映了民俗文化旺盛的生命力，熟悉的故事情节总能引起人们的共鸣，使人观图生情。此外，在一些几世同堂或者主人年长的家庭，设计窗的装饰图案时常常会考虑长寿多福的寓意，给老人一份祝福，窗饰图案除了采用松鹤之外，往往直接雕刻"福""寿"等字体。

窗的装饰要考虑不同的需求，不同群体对窗饰的要求明显有所差别。比如士大夫的住宅常用"四艺"（琴、棋、书、画）装饰门窗，来体现主人优雅的生活品位。通常而论，文人的窗追求简约，往往采用朴素的纹饰，而商人的窗崇尚繁缛，喜欢使用华丽的图案。不同的空间，窗饰的风格和内容也不一样。比如书房以清雅为主调，窗格心图案一般使用灯景格、冰梅纹等，腰板多雕刻儒家历史故事；婚房则讲求喜庆、吉祥的氛围，窗饰常用双喜临门、和合二仙等内容。

窗的装饰题材极少单独出现，通常是好几种题材组合在一起，在花草中有动物，在山水中有人物，或者是故事戏曲与人物神仙交织在一起，即使有时只有一人，其身后也包含其他丰富多彩的故事。

窗饰在运用动物和植物等组合画面时，并不考虑客观自然条件的制约：蜡梅、荷花能否在一个季节生长，水仙、松树能否长在一处并不重要，只要能够满足情节需要，适应当时的环境气氛，就可以随意组合。这种超越客观现实的表现手法在窗扇纹样中表现得尤为自如，其形式手法也非常精湛，充分展现了我国传统艺术独特的造型观。

知识链接

木窗和石窗

窗按照使用材料的不同，可以分为木窗、石窗等类型。

木窗是古代木构建筑中最常见的窗子。窗扇常用不易变形和不易腐烂的杉木制作。精细的棂格和透雕的格心，绦环板或浮雕的裙板，一般选用柚木、椴木、樟木及白果木等。

石窗又称石花窗、石漏窗，主要流行于我国江南地区。石窗历史久远，起源于先秦，但是现存的石窗基本上都是清代时期的作品。石窗的形状多样，有圆形、方形、扇形、葫芦形等，通常用来装饰园林、寺庙、会馆等公共建筑。

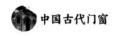
三、窗与古代美学

在我国传统建筑艺术中，窗子的设置除了考虑客观生活需要，还带有一种显著的人文关怀，也就是在有限的空间内，创造出一种视觉无尽的环境，给人以精神的愉悦。有了窗，室内室外就能够实现沟通，窗成为从有限空间观照无限自然空间的孔窍。透过窗，人们得以体会无尽的空间和时间，得以把握世界，就像《园冶》中提到的："轩楹高爽，窗户虚邻，纳千倾之汪洋，收四时之烂漫。"

中国古代主张"天人合一"的思想，强调人与自然和谐相处。这种观念直接影响到人、自然环境与建筑物之间的关系，传统窗式便是天地人相融合的产物。通过窗的联系，人、建筑同外部的自然景观结合在一起，人们足不出户也能体会自然界的种种美妙。窗的存在，反映了中国人沟通宇宙天地、与自然和谐共生的传统观念，中国古老的哲学思想印刻在生活环境中，成为对窗户意义的特殊解读。纳时空于自我，纳山川于户牖的空间意识，在窗子的设计中得到充分体现，正如明代张岱《西湖梦寻》所云："瓮牖与窗棂，到眼皆图画。"

窗子的视觉审美作用，在城市的宅院建筑中得到了充分发挥，在园林建筑中更是表现得淋漓尽致。传统文人一向视窗如画，然而宅院位于城市之内，远离自然山水，为使窗外有动人之景，便把窗口塑造成各式各样的取景框，通过这些取景框来观赏外部景致，形成一幅幅

生动形象、富有意趣、变化多端的图景，从而扩展人的视觉空间。窗为人确立下一个特定的审美视角，把人带入特定的审美情境，同时也给景物划下一个特定的范围，使广阔的自然空间有了边际，窗起到了画框的功能。就像清代美学家李渔所言："同一物也，同一事也，此窗未设以前，仅作事物观；一有此物窗，则不烦指点，人人俱作画图观矣。""我坐窗内，人行窗外，无论见少年女子是一幅美人图，即见老妪白叟杖而来，亦是名人画幅中必不可无之物；见婴儿群戏是一幅百子图，即见牛羊并牧、鸡犬交哗，亦是词客文情内未尝偶缺之资。"未设窗时，人和事物处在同一空间，彼此的关系并不明确；设置窗子以后，空间发生了细微变化，人和事物相互隔开，产生了距离感。窗既"隔"又"通"，使人有更多的空间去想象窗外无限的空间。"移竹当窗"堪称框景的典型，《园冶》记述道："移竹当窗，分梨为院，溶溶月色，瑟瑟风声；静拢一榻琴书，动涵半轮秋水，清气觉来几席，凡尘顿远襟怀。"以窗洞为画框，用白粉墙衬之，顿生万顷竹林之画意。

窗具有"障景""泄景"的作用，还可以丰富景物的层次感。比如园林建筑的隔墙上往往开设各种形式的漏窗，不仅可以分隔景区，而且能够沟通景色，使空间似隔非隔、景物若隐若现。《园冶》中写道："漏砖墙，凡有眺处著斯，似避内隐外之义。"透过漏窗观赏园中景致，就像隔着一层轻纱，山水亭台、花草佳树隐隐约约，似有若无，给人一种如真似幻的感觉。同时，漏窗上精美的图案装饰，在不同的光影照射下，投射在地面上，形成点缀园林景观的活泼的光影图案。苏州拙政园和怡园的复廊漏窗，有着丰富的图案形式，游人沿廊前行时，可以从漏窗中透入一幅幅景观，仿佛一幅幅美丽的画卷。而两个空间的景色相互交织，更增加了景物的层次感。

借景是铺设和拓展艺术空间的重要方法，《园冶》总结说："夫借景，林园之最要者也。"在江南园林中，不同的景区使用不同的窗型，甚至同一景区也使用不同的窗型，比如苏州拙政园的游廊就用到了几十种窗式。所有窗子都像是取景框，框出不同的景物，将美景纳入有限的空间内，既是窗又是画。通过不同的观赏角度，获得不同的景致，给人以不同的视觉感受和心理感应。通过窗的借景，将空间放大，使有限空间变为无限空间，园内园外连成一片，形成一个有机的艺术整体。如通过廊墙上的窗把园内的假山同园外的池水连为一体，游人观赏景色时，在廊内透过窗看池水有一种深远之感；在廊外看池水碧波荡漾，透过窗望山丘时隐时现，有一种近水远山之感。

清代李渔在《闲情偶记》中写道："开窗莫妙于借景，而借景之法，予能得其三昧。……人询其法，予曰：四面皆实，独虚其中，而为'便面'之形。实者用板，蒙以灰布，勿露一隙之光；虚者用木作框，上下皆曲而直其两旁，所谓便面是也。""坐于其中，则两岸之湖光山色、寺观浮屠、云烟竹树，以及往来之樵人牧童、醉翁游女，连人带马尽入便面之中，作我天然图画。且又时时变幻，不为一定之形。"这种借景方法也叫作"尺幅窗""无心画"，后来成为园林建造的基本手段。用窗来框景，移步换景，景随人动，一天之中就能显现成百上千幅山水图景。传统园林中到处可以看到无心画，窗牖旷如，门洞饰以优美门景，极为雅致。游廊转角处和矮墙上的窗，往往透过一枝半叶，花光竹景成为自然活泼的小品点缀。另外，位于水面的隔墙也开设窗子，窗上丰富的纹样同水面摇曳的倒影相映生辉，更添艺术魅力。

中国传统建筑的窗风格多样，或玲珑秀巧，或潇洒疏朗，或透漏幽邃。窗子的装饰比较讲究，高雅而灵动，简约而精致。李渔在《闲情偶记》中记述，窗子的品位在于其风格趣味，而其趣味在于自然、简约。关于窗棂和栏杆的设计，李渔

认为二者都要形体坚固。在他看来，事物之理简单者可继，繁杂者难久，顺应事物的本性就会耐用持久，违背本性破坏本体就会导致毁坏。凡木器合于榫结合的，就是顺应本性；雕刻形成的，就是破坏本体。所以在制作窗棂栏杆时，"务使头头有笋（榫），眼眼着撒。然头眼过密，笋撒太多，又与雕镂无异，仍是戕其体也，故又宜简不宜繁。根数愈少愈佳，少则可坚；眼数愈密最贵，密则纸不易碎"。对于"少"和"密"的矛盾问题，李渔认为解决之法在于经营意匠得法，是无法用语言表达的。窗棂应作欹斜之势，上宽下窄，窗上雕刻虫鸟、花卉等图案。经过艺术处理的吉祥如意纹样，精心装饰在古典园林中，使人达到从"卧游"到"居游"的理想境界，并使主人足不出户便能置身丹崖碧水、茂林修竹，随意观赏珍禽异兽、四时花卉。

四、古诗词中的窗

在灿若星辰的古典诗词中，窗一直是文人墨客吟咏不绝的内容。透过小小的窗口去观察外部广阔的世界，到处充满诗情画意。窗常和自然景物结合在一起，形成意境优美的画卷。唐代李白的"檐飞宛溪水，窗落敬亭云"，杜甫的"窗含西岭千秋雪，门泊东吴万里船"，李商隐的"猿声连月槛，鸟影落天窗"，等等，都是流传千古的名句。窗往往容易触发思乡的愁绪，唐代王维咏梅《杂诗》中就有"来日倚窗前，寒梅著花未"。

在我国传统文化中，窗常常与表现女性生活情感的闺怨诗和描摹文人情怀的写景抒情诗相联系。玉窗、绣窗、碧窗、绿窗、兰窗等词带着鲜明的女性色彩，包含着温馨的闺阁气息，构成了一个个优美独特、意蕴悠长的意象。《古诗十九首·迢迢牵牛星》中有"盈盈楼上女，皎皎当

窗牖",闺阁女子的愁情,通过窗得到了充分体现,给人留下深刻的印象。诗人们总喜欢借助玲珑小窗,将窗内幽怨的佳人同窗外的自然景观联系在一起,如唐代刘方平《春怨》中有"纱窗日落渐黄昏,金屋无人见泪痕"。同时,窗内的景致也容易触发人的想象,南北朝庾信《北园新斋成应赵王教诗》曰:"画梁云气绕,雕窗玉女窥。"

幽窗、寒窗、暗窗等词,则常常用来刻画文人的感伤情怀,如唐代元稹《闻乐天授江州司马》中的"垂死病中惊坐起,暗风吹雨入寒窗",韦应物《秋夜》中的"暗窗凉叶动,秋天寝席单"。

窗户的名称,因时、因地、因人而异。大户人家的窗户称为朱窗、绮窗、雕窗,如晋代左思《蜀都赋》有"开高轩以临山,列绮窗而瞰";穷苦人家的窗户则称为纸窗、草窗。一天之内对窗户的称呼也不一样,早上称作晨窗、晓窗,晚上则称作灯窗、暗窗。不同的建筑物,窗子的叫法也多种多样,比如寺庙的窗户称为禅窗,用来观光的窗户称为景窗。而建筑所处的地形不同,窗子的称谓也是各有差别,山上的窗子叫岩窗、松窗,靠近水畔的窗子叫水窗、溪窗。还有的窗户名称是从典故衍生而来的,比如萤窗源自晋代车胤囊萤苦读的故事。

第二章

巧夺天工：窗的形态和种类

第一节　窗的基本形态

我国古代窗户的样式十分丰富，可以说是数不胜数。不过，就窗的基本形态来说，不外乎下列几种：

一、直棂窗

直棂窗是我国最早出现的窗式，并且是宋代以前通用的窗式。从留存至今的汉代明器、六朝石刻、唐代壁画、辽宋砖塔以及宋代画卷中，常常可以看到它的身影。直棂窗的构造比较简单，常常安装在砖槛墙、夹泥墙和土坯墙上，先用木枋做框，将棂条按照一定间隔竖直排列，固定在窗框上，形状宛如栅栏，简朴无华。

直棂窗有两种主要形式，一种是破子棂窗，另一种是板棂窗。破子棂窗在《营造法式》中就有记载。这种直棂窗的棂条断面为三角形，也就

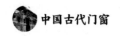

是将一根方棂沿对角线一破为二形成的棂条。这种棂条最大的优点就是棂条斜面向外，可以减少对阳光的遮挡。如果是向阳的窗子，太阳由东向西移动，棂条空隙之间梯形的空间，能最长时间地保证日光照射进窗内。三角形木棂的平面向内，便于贴糊窗纸。但是清代以后，破子棂窗的使用日渐稀少，只能在厨房、库房等一些附属建筑上见到。板棂窗出现的时间相对较早，其棂条断面为矩形，棂条就是普通的板条。后期的直棂窗，窗棂断面多为方形，也有圆形的（不糊窗纸）。不管是破子棂窗，还是板棂窗，每扇窗使用的棂条均在7~21根，且大部分为奇数。若是棂条过长，则在中间加一段承棂串，早期的做法是在承棂串上做出卯眼，使棂条穿插通过，后来则将承棂串与棂条相交处各去一半咬口衔接。清代的"一码三箭"就属此类。为了避免棂条过长、稳定性差，通常在棂条的上、中、下三段使用三根水平棂条，这种做法不仅有助于增强棂条的稳定性，而且使其外观得以改善。

在《营造法式》中，直槛窗还有一种变体，这就是睒电窗。睒电窗属于曲棂窗，是一种比较高级和重要的建筑窗式，普遍用于宫殿建筑和佛寺建筑。最晚至隋唐时期，睒电窗即在北方重要建筑如宫殿上使用，直到宋代，依然流行于江南一带。但是元明以后，睒电窗似乎就不再使用，近于完全消失，且没有实物留存下来，其形象仅见于《营造法式》。睒电窗形式的特殊之处，在于其框内心仔的变化，即窗心为波形曲棂，可以产生光影闪烁的光感效果，就像闪电一样，睒电窗因而得名，并成为最独特的一种窗式。

知识链接

卧棂窗

卧棂窗是相对于直棂窗而言的。直棂窗的棂条是竖直排列的，卧棂窗的棂条则是横向排列的。卧棂窗是百叶窗的雏形，在明清时期得到极大发展，明代砖塔上就普遍使用卧棂窗。

二、槛窗

槛窗位于房屋正面的次间，因其安装在中槛上，下部为槛墙，所以得名槛窗。槛窗的形式类似格扇，二者的不同之处在于：格扇槛框的下槛就是门槛，而槛窗的下槛被抬高，称为中槛，其下面一般以砖槛墙或木板壁的形式出现；槛窗扇没有格扇下部的裙板，只有绦环板。

通常而言，槛窗与格扇是配套使用的，因此它们的规格是统一的。格扇绦环板与槛窗绦环板的高度相同，绦环板的下面都是抹头。槛窗的窗扇大致有两根横抹头、三根横抹头、四根横抹头等种类。抹头的数量取决于窗扇的尺度和建筑物的体量。像宫殿、寺庙中的大殿等宏伟建筑，一般采用四抹槛窗，并配以六抹格扇。三抹槛窗是最常见的一种槛窗形式，往往与四抹隔扇或五抹隔扇搭配。北方宫殿建筑中殿堂的檐下往往使用槛窗，成组的镂空窗格形式一致，不仅增加了室内的光亮，而且为平实的建筑造型增添了灵气。肃穆的宫廷建筑，由于槛窗的加入而具有了类似民居的亲切气氛。比如北京故宫重要殿堂的明间、稍间均使用红色的格扇，槛墙上部安装形式统一的槛窗。远远望去，整个建筑的下部处于一片红色中，将建筑渲染得格外雄伟，而上部的槛窗为建筑增添了不少艺术气息，也令大尺度的空间产生了宜人的感觉。

槛窗窗扇的数量随着开间大小的不同而不同，通常为四扇到八扇。窗扇往往朝内开。由于槛窗的边梃较厚，而且为平面形式，所以在开闭时容易发生窗边碰撞的情况。为了减少此种情况的发生，工匠们特意把窗扇的缝隙留宽，但这样一来，就造成了使用功能上的缺点，留宽的缝隙常常透风和飘雨。

虽然槛窗有着功能上的缺陷，但是它的风格与格扇相一致，而且气魄雄伟，因此在使用格扇的建筑中还是经常用到槛窗。

三、支摘窗

支摘窗是北方民居广泛采用的窗型，在南方被称为"合和窗"。支摘窗的独特之处在于，它由上下两扇构成，上扇可以向外支起或者向内支

起，下扇可以摘下。这
种设计可谓别出心裁，
一方面构造合理，另一
方面便于使用。可以想
象一下，如果把整个窗
户支起，不仅不堪重负，
而且不利于窗前通行和
调节通风采光，看起来
也不太美观。而分段支

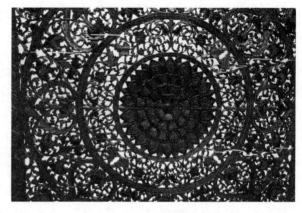

摘则大不相同，当上扇支起时，下扇可以阻隔外部视线，使室内保持足够
的私密性；在炎炎盛夏，可以支起上扇，摘去下扇，改善室内通风条件。
正因为支摘窗结构合理，使用简便，调节灵活，所以人们普遍在宅院中使
用支摘窗，此外，支摘窗也广泛用于宫殿、庙宇、园林等建筑。

南北方支摘窗安装位置不同，分格比例也不一样。北方支摘窗一般安
装在槛墙正中立间柱上，每开间设两扇支摘窗，上段支窗与下段摘窗高度
相等，比例约为1:1。南方支摘窗的下部通常装有栏杆，在栏杆内侧钉裙
板，形成室内平整、室外为凹凸栏杆花纹的木槛墙。典型的南方支摘窗，
每开间设间柱两到三根，横向分为三四段，上下也分为三四段，这样，一
开间的支摘窗扇就多达九扇或十二扇，甚至达十六扇。有时会在下段摘窗
部分再加一根分心小柱，安装两扇窗。南方的支摘窗由于受气候因素影
响，支窗部分面积要大于摘窗部分，支摘扇高比例约为2:1或3:1。

支摘窗的格心木棂图案以灯笼框、步步锦为主，此外还有龟背锦、盘
长纹、万字纹等。北京的支摘窗扇大，设计棂格图案时，工匠们常把窗扇
竖向分割成左右相等的两部分。南方大户人家多在厅、轩、阁、榭等具有
观赏性质的建筑中使用支摘窗，因此窗扇格心一般安装玻璃，周围的小
棂格装明瓦或糊纸。河北、山西省一带民居的支摘窗带有鲜明的民俗特
色，每逢年节都要张贴窗画，内容包括山水、花鸟、鱼虫、人物等，窗画
与门两侧的大红春联相互映衬，烘托出辞旧迎新的喜庆氛围。陕北、河北

省等地的民居建筑，流行在支摘窗上贴剪纸，或红色，或彩色，极具地域特色。

四、横披窗

横披窗也叫横风窗，和直棂窗一样，是最古老的窗式。横披窗在汉明器中就有反映，直到明清和现代依然比较常见。横披窗通常位于中槛与上槛之间，用立柱将窗框分隔成许多小段，然后在每一段做小窗，江南地区的横披窗也有一通到底不设立柱的。横披窗一般不开启，只作采光通风之用，同时用来补充整个装修立面，调整开启窗扇的大小。横披窗是通透的，其做法类似格扇，只是比例横长。横披窗的结构比较简单，只有边框和棂心两部分。棂心纹样多种多样，有步步锦、万字锦、冰裂纹、海棠纹、夔纹、菱花等。

五、墙窗

古时将开在墙上的窗叫作"牖"，因此墙窗也称为牖窗。

墙分为房墙和院墙两种。房墙和屋顶、地面围合成房屋空间；院墙是建筑群体外围的墙，或者是分隔建筑群中庭院空间的隔墙。我国传统建筑虽然以木结构为构架，但周围仍围以砖墙。院墙除了在农村一小部分用黄土或石料构建外，基本上都是砖筑，因此墙窗大部分是指开设在砖墙上的窗。

宫殿建筑往往使用设在柱间的格扇门和槛窗、支摘窗，几乎不在砖墙上开窗。寺庙建筑除了使用格扇外，也会在墙上开窗。园林中的厅堂、亭榭等建筑多在墙上开门窗。园林和宅院的院墙是用墙窗最多的地方。墙窗的主要形式有漏窗、洞窗等。

1. 漏窗

漏窗也叫花窗，是用来装饰墙面的一种窗子。我国传统宅院中往往设置许多高大的围墙，这些墙壁封闭性较强，使建筑物看起来十分呆板。为了改变这种局面，令建筑物显得活泼，工匠们常常将砖瓦磨制后镶嵌于墙面，或者在墙体上做局部透空的窗子，在透空处饰以形态各异的玲珑剔透的纹样。这种局部透空的窗子就是漏窗，它是明代中期的造园家们创造出来的，在当时出版的园林艺术理论专著《园冶》中列举了十六种精巧细致的漏窗样式。后来，漏窗得到迅速发展，涌现出许多新的样式，仅苏州园林中的漏窗样式就有千余种，有方形、圆形、扇形、菱形、花形、叶形、六角形、八角形等。窗内的花纹同格扇一样，广泛使用寓意吉祥的纹样，比如菱花、海棠、连钱、叠锭、鱼鳞、竹节等。漏窗在我国江浙一带尤其流行。

2. 洞窗

洞窗又称空窗，是一种不装窗扇、窗框的窗孔。洞窗开设在园林中廊、榭、亭或院墙上，主要供人们观赏园景之用。

洞窗的形式多样，《园冶》中曾列举门窗图式三十一种，现存江南私家园林中，我们依然可以看到样式繁多、造型秀美的窗式，其中矩形、方形比较常见，并且有扁方、六方、八方等形态。此外，还有很多自由式图案，比如扇面、贝叶、海棠、梅花、葫芦、汉瓶等。

洞窗图案样式的进一步演变，发展为一种形式更自由、更复杂的洞窗，其实已经类似漏窗，或者可以视为自由式或不规则式漏窗。比如上海南翔古猗园内的自由式洞窗，花卉图案繁复，同漏窗相比已经没有多少差别。又如南京愚园墙上洞窗组成了生动形象的"蝴蝶和花"的图案，虽然为洞窗手法，其实是漏窗之形。真可谓独具匠心。

洞窗在墙上连续开设，形状不同，称为"什锦窗"，俗称"花墙"或"看墙"，常用于北方园林建筑、宅第和民居。什锦窗的结构和南方的漏窗比较相似，通常尺度不大。窗框造型丰富，有六方、八方、圆形、扇面、桃、梅花、石榴等多种样式。

什锦窗有三种形式。第一种是镶嵌什锦窗，又称盲窗。这是镶嵌在墙面上的假窗，外表看起来和窗户没有区别，有格心与窗框，但事实上只是用木棂条直接在墙上做出窗户的样子。镶嵌什锦窗不具有通风透光等功能，只起到装饰和丰富墙面的作用，在城门楼和连接各房屋的带转角的抄手游廊中应用较多。第二种是单层什锦窗，也称什锦漏窗。这种窗户相当于透空窗加设一层玻璃，往往应用在庭院苑囿内隔墙上。这种装饰透窗使隔墙两边的景色既有分隔又有联系。单层什锦窗的一樘仔屉安装在窗孔中央，从墙的两侧望去均有明显的凹空。第三种是夹樘什锦窗，又名什锦灯窗。窗的两面均装有一层仔屉，中间的空当约为墙体的厚度，可以装灯具。但也有不装灯具的。仔屉内糊纱，晚清以后改为镶嵌玻璃。窗洞由内外两层玻璃镶嵌而成，除了能够抵御冬春季节的风寒，在玻璃上还可以绘制图画或题写文字。每逢重大节日，人们燃亮窗内灯光，隔墙两侧皆可观赏形状各异的什锦窗，别具一番情趣。不过平时夹樘什锦窗只是作为一种墙面装饰，两层玻璃加之反光大大削弱了其空透感，加上窗孔的尺度本来就小，导致其难以作为取景框来隔墙赏景。

第二节　其他窗式

以上介绍的直棂窗、槛窗、支摘窗、横披窗和墙窗是几种主要的窗户形式，除此之外，还有一些其他形式的窗子，比如地坪窗、摇窗、推窗等。

一、地坪窗

地坪窗是宋代时出现的一种窗式，也称为"勾栏槛窗"，一般安装在建筑次间廊柱之间的木质栏杆上。地坪窗常常临水而设，开窗后就

能坐下观赏景致。地坪窗一般有六扇，结构和形式类似长窗（园林中的格扇窗叫作长窗），但长度只有长窗中部绦环板下的抹头到窗顶的尺寸。地坪窗和栏杆的花纹均朝向内侧，栏杆外部一般钉有木板，称为雨搭板，可以拆卸。在浙江南浔顾宅中就有地坪窗的实例，其窗扇格心部分主要用海棠纹和长八角形几何纹装饰，棂格上下皆通透。此外，苏州留园的西楼、冠云楼、揖峰轩等建筑景点也设有地坪窗。

二、推窗和板窗

推窗又称为风窗，是窗棂的外护，在北方比较常见。推窗有内外两层，白天的时候将外面的一层木板向外推开、支上去，晚上再放下来。风窗一般为一扇或者两扇，除了具有保护窗棂、遮挡风雨的作用外，还能够防盗和防寒。有的推窗做成两截推关式，有的则做成半截。推窗根据其所处建筑的不同而有不同的名称，比如用在闺房称为"绣窗"，用在馆屋称为"书窗"。

与推窗相似的是西北地区的板窗。常见的板窗形式与槛窗比较相像，外层是用木板做的窗户，晚上的时候关闭；内层是一般的槛窗，不过并不朝外开启，而是向内打开。这种板窗同西北地区的气候相适应，能够遮挡风沙。此外，板窗还具有一定的防御功能，特别是防御野兽。

三、摇窗

摇窗是设在檐下的大窗，共有两扇，装有转轴，晨启晚闭，摇拢摇开，故称摇窗。摇窗的外观及制作与双扇格门类似，左右两框，里框两端稍长，且削成圆形转轴。上下方抹头将框隔开，上框狭窄，镶嵌木板，常常浮雕出简单图案；中为大框，也就是格心框，是窗上通风透光的部分，其长度大概为整扇窗的一半。格心在边框抹头内另加仔边，仔边内用细棂条榫合成不同的图案，象征吉祥如意。格心下部还有两框，是用来固定门闩插锁的跨档。固定摇门转轴称为栓斗，也叫门樽，通常由高档硬木雕刻而成，尤其是下栓斗形式各异，雕刻成壶状、篮状，内有人物、花卉、走兽等。

四、小姐窗

小姐窗也称护净窗，是徽州民居独有的窗型。它由上至下由窗扇、窗腰板和窗肚板三部分组成。窗扇中能够开启的部分很小，周围是固定的雕花漏窗。开启部分窗扇为双层窗，内开的窗扇为直棂式，简洁、通透，主要功能是通风采光和防盗；外开的窗扇为透空漏窗，雕饰精致，兼具装饰和遮掩的作用。窗腰板又称手提板，俗称遮丑窗，是固定的浮雕板，只具有装饰功能。窗肚板位处站立天井中人的平视高度，镂空雕饰细密，能够有效遮挡外人的窥视，确保卧室的私密性。有的小姐窗在窗顶两角分别设置一个小木雕件，俗称窗绳，起到装饰点缀的作用，同时也丰富了小姐窗的造型。

五、满洲窗

满洲窗又称满周窗，据说是满族人南下岭南时带来的窗式，在广东民间比较流行。

满洲窗的组合方式灵活多样，有上下两扇一组、上中下三扇一组、上下左右四扇一组，还有六扇、九扇或者九扇以上等组合方式。窗扇可以上下推拉到任意位置，来调节室内小气候。满洲窗上的套色玻璃蚀刻画是中西文化融合的产物，采用进口玻璃材料进行蚀刻、磨刻或喷砂脱色的技术处理，以传统题材为内容，有红、黄、蓝、绿等颜色。镶黄色玻璃的满洲窗在民间建筑中使用不多，因为黄色为宫廷专用，象征"皇气"，普通官

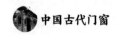

员或者大户人家就只能使用红色和绿色等颜色。清代时，广州西关的大户人家广泛使用满洲窗，后来由于原材料缺乏等原因，这种装饰艺术逐渐失传。

六、透风窗

透风也叫透气，是尺度最小的一种窗。透风设置在墙外面偏下的位置，主要作用是通风、透气，防止墙内木柱受潮腐蚀。北方砖砌建筑的透风往往采用砖透雕结构，南方建筑的透风主要采用石透雕结构，而且位置离地面更近。透风的形状以方形或长方形为主，也有圆形、六角形和其他形状。透风的饰纹一般是寓意美好的图案，起到装饰墙面的作用。

七、拱券窗

拱券窗是一种上部为弧形拱券的窗户样式，一般为上、下两段式结构，上部弧形拱券部分类似横披窗，下部为矩形半窗。拱券窗一般用于寺庙建筑。佛寺的拱券窗颇具特色，窗套往往用精美的砖雕或石雕加以装饰。清代中叶以后，巴洛克、洛可可等西方建筑风格传入我国，对东南沿海一带产生了深刻影响。西式建筑的窗主要为拱券造型，装饰纹样有贝壳、卷草等，并辅以各种线角，也有的用彩色玻璃镶嵌而成。我国的西式建筑同时融入了本土风格，表现出中西合璧的特征。

第三章

各具风韵：不同建筑的窗

第一节　宫殿的窗

　　宫殿是帝王处理朝政或宴居的地方，整体布局和建筑形制都要显示封建礼法制度和帝王的权威。窗作为建筑物的重要组成部分，自然也受到这种设计思想的影响。一般来说，宫殿主体建筑所用窗子的等级要明显高于次要建筑，次要建筑所用窗子的等级要高于附属建筑，等级由高而低，十分明显。此外，宫殿的窗扇在装饰题材、内容、纹样、色彩等方面也无一不在体现着等级差别。这从北京故宫的窗子中可以窥见一斑。

　　北京故宫是我国现存最大、保存最完整的宫殿建筑群，集中体现了我国古代建筑技术的水平。故宫中的窗制作十分精美，主要建筑物的窗子类型为格扇窗和槛窗，次要建筑的窗式一般为槛窗、支摘窗、横披窗。窗棂格的装饰一般采用菱花，图案形式有双交四椀、三交六椀等，窗的颜色通常用红

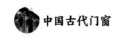

色和金色相配。华丽多姿的窗子样式和装饰，为故宫增添了无尽的光彩。

一、前三殿

太和殿、中和殿和保和殿是故宫三大殿，并称前三殿。太和殿俗称金銮殿，是明清时期皇帝举行朝政大典的地方。就等级而言，是故宫最高、最大、最尊贵的宫殿。在太和殿中，主要使用格扇和槛窗。

太和殿正立面十一开间，中央的七开间柱间均安有格扇，每间均为四扇并列，边侧的四开间安装和格扇配套的槛窗。北立面十一开间，居中的三开间也安装格扇，每间为四扇。太和殿的格扇均为六抹，上部为格心，下部为裙板，格心和裙板之间以及上下两端各有一块绦环板。格心由木棂条组成三交六椀菱花纹，每朵菱花中间都钉有梅花钉，起加固棂条的作用。裙板中央有双龙戏珠的木雕，两条盘曲的龙飞舞在祥云之间；裙板四角分别刻以卷草纹组成三角形的装饰。绦环板上有各式各样的雕刻装饰，以金龙纹居多，一般有"双龙戏珠""单龙飞舞"，还有行龙、升龙、坐龙等图案。龙纹凸起，涂上金色，使整座殿堂显得更加宏伟气派。

因为这些格扇高度都在五米左右，所以格扇四周的边梃和抹头尺寸也比较大，宽约十二厘米，厚约十八厘米。为使这些边框看起来不至于呆板，当时的工匠们对它们的外表面进行了线角加工。先将平直的边框向外的一面修成弧形面，然后在两边压下出线，中央也突起两条线，这种式样在《营造法式》中称为"破瓣单混出双线"。四周边框组成高大的格扇，虽然边框有一定的厚度，且上下还有许多条抹头，但为了保持窗扇的平直和坚固，都用金属片钉在边梃和抹头的相交处，称为"面叶"。宫殿格扇上的面叶用铜片制造，表面漆金，有冲压出的龙纹与云纹做装饰。

太和殿以北为中和殿、保和殿。中和殿是皇帝去太和殿参加大典之前休息并接受执事官员朝拜的地方，保和殿是皇帝主持殿试和节日宴请王公大臣的场所，它们的规格都要比太和殿低一等级。这种等级的差别表现在窗的形制上为：中和殿和保和殿虽然也装有格扇和槛窗，格心部位同太和殿一样采用三交六椀菱花，但与太和殿不同的是，裙板和绦环板上均不使用雕龙的图案，而是采用回纹和如意形条纹。保和殿格扇的边梃和抹头的外表面也不用弧形的曲面和突起的线角，只是在平直面上的中央略微铲去一层作为装饰。在格扇四周边梃和抹头垂直交接的地方也用金属面叶加固，面叶上同样冲压出云龙花纹做装饰，但保和殿面叶上的龙纹数量仅为太和殿的一半，每扇格扇上的龙纹只有三十条。

二、后三殿

前三殿往北，就是乾清宫、交泰殿、坤宁宫即后三殿。乾清宫最初是皇帝的寝宫，清代顺治、康熙两帝在位时，除在乾清宫居住外，有时候也在这里处理政事，批阅奏章，召见群臣和接见外国使臣。雍正皇帝将寝宫搬到养心殿后，乾清宫就成了举行宴会、召见群臣和接见外国使臣的专门殿堂了，因此在殿内设有御座，也是在一层台基上设雕龙御椅，前置香炉，后有屏风，只是台基的高低、御椅的大小和屏风的宽窄均比太和殿的低一个等级。因此，乾清宫的地位虽然不如太和殿，但却比外朝的中和殿、保和殿重要。乾清宫面阔九开间，使用最高等级的重檐庑殿顶，中央三开间每间安四扇格扇。格扇也都是六抹头，除格心、裙板外，有三块绦环板，在边框和抹头上也都钉有金属面叶。从装饰上来看，格心为三交六椀菱花格眼；裙板的中心位置雕刻双龙戏珠图案，四个岔角上分别有一条云朵里的游龙；每块绦环板上均有两条对峙的龙；格扇边框、抹头对外的一面也有弧形曲面加线角的加工；每个面叶上都有冲压出的龙纹。

坤宁宫也叫作中宫，明代时是皇后的寝宫。坤宁宫面阔九间，进深五间，左部称为"东暖阁"，右部称为"西暖阁"。清朝建立以后，根据满族风俗将西暖阁改为祭祀的场所，东暖阁作为洞房。从坤宁宫的正立面看，一排整齐的直棂格栅窗，一根根笔直的棂条上下相连，给人一种整齐庄重的感觉。窗的外部设支摘窗，冬天的时候可以放下来挡寒，晚上可以使人

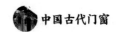

产生一种庇护之感。坤宁宫内有的房间使用直棂窗，比如西暖阁。它的内部采用的是"一码三箭"窗，窗的中部有棂条相穿，看起来既结实厚重，又颇为雅致。

交泰殿位于乾清宫和坤宁宫之间，是皇后在节日里受庆贺礼的地方。交泰殿的正门两侧装有槛窗，窗棂格采用三交六椀菱花式图案，上下绦环板上分别刻有一条镶金行龙，边梃四角还运用包金装饰，看起来十分华丽高贵。两扇槛窗的外部安装帘架，夏季时可以在帘架外悬挂竹帘，来遮挡阳光的照射，窗扇开启后还具有通风的作用。整座宫殿因为有了窗子的装饰，更显得华丽多姿。

三、东西六宫

东西六宫分布在后三殿的周围，是后妃们居住休息的地方。东六宫为钟粹宫、承乾宫、景仁宫、景阳宫、永和宫、延禧宫；西六宫为永寿宫、太极殿、长春宫、翊坤宫、储秀宫和咸福宫。东西六宫的外檐装修一般采用风门和支摘窗。支摘窗在前文窗户的种类中已经讲述过，窗棂的图案主要有步步锦、灯笼锦、万字、回纹、冰裂纹、盘长等。在早期，窗子上主要贴的是窗花，窗上糊纸，室内十分幽暗。到了康熙时期，故宫内开始使用玻璃，支摘窗下半部分也改用四周镶花棂的大玻璃窗，也就是现在的西六宫的样式。东六宫中的承乾宫正殿，外部用的是可以推拉的槛窗，称为拉窗。中间的窗子为方形，由若干根横向棂条组成，类似百叶窗。两侧为两个固定的槛窗，窗的格心部分用菱花做装饰图案。菱花形式为双交四椀菱花，只用木条组成斜方格或正方格，而不进行雕饰。景仁宫在明代初年称为长安宫，嘉靖十四年（1535 年）改称景仁宫。景仁宫同承乾宫一样，也采用拉窗，不过景仁宫的窗中部的格心图案为方格装饰。

四、御花园

御花园坐落在故宫的最北端，是帝妃们休憩和玩乐的地方。园内以钦安殿为中心，两边对称地分布着二十多座建筑。建筑物一般靠近宫墙，布

局完整。园内的亭堂
斋轩、叠山等主要是明
代遗物，通常也是以
对称的形式排布，整
个园林看起来比较宽
敞。且红墙绿瓦，雕
栏玉砌，掩映在繁花
茂叶之间。

钦安殿是御花园
中路的主要建筑。它进深三开间，面阔五开间，坐落在汉白玉石单层须弥
座上。钦安殿正门两侧安装的窗子中部为正方形帘架，上面设一个横披楣
子窗，格心部分采用四方锦椽条图案。帘架两边分别有两扇槛窗，窗椽格
采用双交四椀菱花做装饰，看起来十分高贵。靠近墙体边缘的窗子，采用
四抹槛窗形式，格心部位与中部一样，用双交四椀菱花图案，显得和谐
统一。

位于御花园西北部的延晖阁是一座两层的建筑。正面第一层安装格扇
门，格心采用灯笼锦图案，下部裙板不做装饰。大门左右两侧下砌槛墙，
上设一种典型的三等分支摘窗。一般而言，支摘窗都分为上下两层，上层
窗是横向设置的，并且其高度和下层窗大体相同。三等分支摘窗则是上段
支窗长于下段摘窗，比例一般为3∶1，这种支摘窗形式与一般的支摘窗相
比装饰性更强。支摘窗的支窗采用与格扇门一样的灯笼锦图案装饰，摘窗
则为白色空白装饰，下部拐角处镶有银色的窗头线。在三等分支摘窗的装
饰和衬托下，延晖阁显得格外耀眼。

万春亭和千秋亭是御花园东西两侧对称排列的两座亭子，它们的建
筑形式大体相同，都是上圆下方，三间四柱，四面明间出抱厦，中间重
檐。槛墙内外侧镶贴黄绿两色六角龟背纹琉璃砖。内檐上部天花雕制圆
形盘龙藻井，富丽堂皇，十分精美。两座亭子的正门均采用三交六椀菱
花格扇，中央格扇上部采用纵横相交的椽条夹门窗。亭子的四面下砌槛

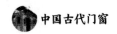

墙，墙上安装槛窗。槛窗的格心部位也用三交六椀菱花图案做装饰。格扇和槛窗的应用，为原本就引人注目的千秋亭和万春亭，添加了新的意趣。

养性斋位于御花园西南，是一座两层的楼阁，进深五间，面阔三间，前后带有走廊，三面布设太湖石假山。养性斋的第一层，帘架门的两侧下砌槛墙，上面安装支摘窗。支摘窗的上下两层相同，格心棂条使用步步锦纹样。第一层内部也安装支摘窗，不过窗的上部采用方格棂条形纹样。为了增加室内美观度，上檐还使用横披窗，格心部位采用步步锦图案。上层的外檐周围也使用支摘窗，但支窗和摘窗并不相同。支窗的格心采用步步锦纹样，摘窗则没有装饰，采用留白，不过这并未使其显得单调，反而看起来更加井然有序。

第二节　宗教建筑的窗

一、佛寺

佛教自汉代传入中国后，在中华大地得到了充分发展，并留下众多宝贵的文化遗产。古老的佛寺就是其中之一。佛寺因佛教传播的时间、途径和地域不同而各具特色，佛寺的窗也呈现出不同的形态和风貌。下面以浙江舟山普陀寺、北京雍和宫和山西平遥镇国寺为例，来分析佛寺窗子的特色。

1. 舟山普陀山寺

浙江省舟山普陀山素有"海天佛国"的美称，这里有普济、法雨、慧济三大佛寺和六十多座庵堂。三大佛寺皆是由众多殿堂组成的合院式建筑群组，主要殿堂坐落在中轴线上。通过观察这些殿堂的正立面，可以看到它们多在立柱之间使用格扇窗和槛窗。格扇窗的各个部分都有木雕装饰。普济寺圆通殿格扇窗的格心采用的是三交六椀菱花格纹，与故宫三大殿格扇窗的格心花纹为同一类型，只是棂条组成的菱花比较粗大。裙板上刻有由双龙在祥云中戏耍火焰球组成的圆形团花。绦环板上有表现人物故事情节的木雕。法雨寺圆通殿格扇窗的格心也是三交六椀菱花格；裙板上为卷草纹组成的如意；绦环板上有木雕装饰。慧济寺大雄宝殿格扇窗的格心使用的是由棂条组成的花纹。

2. 北京雍和宫

雍和宫是一座著名的喇嘛庙寺院，位于北京市东城区。它本是康熙第四子雍亲王胤禛的府邸，称雍亲王府，胤禛登基后改名为雍和宫。乾隆九年（1744 年），雍和宫改建为藏传佛教格鲁派寺院。雍和宫坐北朝南，由五进宏伟的大殿和诸多配殿、配楼组成。雍和宫内的建筑外檐装修，基本使用槛窗，上部安装横披窗，窗棂格图案主要采用与故宫里的宫殿建筑相符的菱花纹样。如雍和宫殿的正门，上部一律使用横披窗；雍和宫殿东面的密宗殿、西面的讲经殿，门的两侧都用槛窗，槛窗为四扇，没有绦环板，中间的两扇在夏季时可以开启，以便通风透气，在冬季时可以关闭，以确保室内温度。其他的如永佑殿也是使用四扇的槛窗。虽然雍和宫的窗式并不是很丰富，但是样式的统一使整个建筑显得富贵典雅。

3. 镇国寺

山西省平遥市镇国寺始建于五代时期。整个寺院坐北朝南，共有两进院落，建筑面积达五千多平方米。在寺院的中轴线上由前至后依次分布着天王殿、万佛殿、三佛楼等主要建筑。万佛殿面阔、进深各三间，中央开间前后都有门，两侧开窗。窗的样式为槛窗，共有四扇，中间两扇的格心图案为步步锦纹样，边侧两扇的格心图案为菱花。风格的差异，为万佛殿增添了不少魅力。三佛楼是镇国寺最北面的殿堂，面阔三间，门窗的上部轮廓为圆拱形。窗子的样式也是槛窗，其中部采用直棂窗，左右两侧采用带有菱花图案装饰的窗。在圆拱形状的衬托下，窗子显得尤为别致。

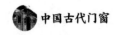

4. 法门寺

法门寺位于陕西省宝鸡市扶风县城北部的法门镇，是安置佛祖释迦牟尼指骨舍利的著名佛教寺院。法门寺内建筑物上的窗子，基本上都是直棂窗形式。在修建整齐的建筑中，使用排列有序的直棂窗，使整座寺院看起来规模协调、井然有序。寺内的这些建筑多数是近年的仿唐新建筑，但是窗子的形式却尽可能地仿古，其中不少窗子都设计为破子棂样式。破子棂的内侧平整，便于糊纸，外侧则突出了直棂中间的一条凸起的直线，极具棱角感。

二、清真寺

唐代永徽年间（650—655年）伊斯兰教从阿拉伯传入中国。那时候中国和阿拉伯国家之间通过陆上与海上两条通道进行交通贸易和文化交往，其中陆上通道是经波斯、阿富汗进入中国的新疆，再经青海、甘肃到达陕西长安。伊斯兰教的寺院建筑也随着伊斯兰教一起传入了中国。由于新疆地区的气候、地理特征与中亚地区类似，且当地少数民族在文化背景和生活习俗方面与中亚拥有许多共同点，因此外来的伊斯兰教寺院建筑在新疆地区相当多地保留了阿拉伯的风格特征。从目前保留下来的寺院建筑实体可以清楚地看到，随着伊斯兰教经西北地区传至内地，它的寺院渐渐汉化，变成中国传统的合院式建筑群体，而且寺院的名称也改为"清真寺"。接下来，以内地伊斯兰教清真寺和西北地区的清真寺为例，来认识它们的窗式。

内地伊斯兰教清真寺的处理大致和中国传统的宫殿建筑、佛教建筑相同。大殿的外檐设置成片的格扇窗，营造出整体统一的效果。华北各地格扇窗的格心部分通常采用官式做法，装饰纹样以三交六椀、双交四椀菱花为主，也有用回纹和锦纹的。在新疆、青海、甘肃等西北地区，格扇窗的做法和华北地区基本相同，不过其格心的棂格更为密集，纹样多不相同，并且善于通过局部雕饰的办法进行美化。通常格心部分的纹样十分丰富，不仅有整齐统一的外形，而且有独立的格心纹样，形成统一中富含变化的艺术风貌。在一些不重要的辅助建筑上，一般使用支摘窗或落地长窗。喀什艾提尕尔清真寺是新疆最著名的清真寺，也是全国规模最大的清真寺。寺门全用黄砖砌成，白石膏勾缝。寺门上方和左右两侧做成拱形，作为盲窗形式的装饰。这些排列整齐的假窗，令整个建筑显得十分协调。

三、塔

塔是随着佛教传入中国的，最早的塔出现在三国时期，经过发展，其形制、作用、外形、结构等逐渐汉化，与其原型——印度塔差异甚大。塔成为中国传统建筑的重要类型，成为一方水土的特殊标志。由于受传统木构架的影响，早期的塔主要是木构楼阁式，后来则发展为以砖塔为主。木塔容易焚于火灾，保存难以持久；砖塔虽然容易保存，但其结构存在薄弱之处，首先是檐部容易剥落残缺，其次是门窗洞口导致墙体断面削弱。因此门窗洞口的位置及大小就要受到制约，特别是修建楼阁式塔，为了确保结构稳定，窗洞要尽可能地少开，但这样一来就会造成外观呆板，缺乏生气。为了解决这一问题，人们在建塔时普遍采用砖构仿木形式，并在塔中设置假窗，既避免了结构受损，又保证了外观形象。假窗由此成为砖塔中广泛应用的窗式。

河南省登封嵩岳寺塔是迄今已知最早的密檐式塔。该塔建于北魏孝明帝正光四年（523 年），平面呈十二边形，高十五层，塔身中部分为上下两段，四个正面设有贯通上下两段的门，其余八面下段为光洁的砖面。塔身以上，设有十层紧密的塔檐，每层檐之间有一小段塔身，每面均砌有一个小窗，窗的样式为方形，属于不采光不透气的假窗。假窗的运用打破了塔身的单调，同时深化了细部，使塔的整体轮廓显得优美和谐，具有一种韵律感。

玲珑塔位于北京市海淀区西八里庄京密引水渠西岸，因为其最初是慈寿寺内的建筑，所以又称为慈寿寺塔。玲珑塔是一座八角十三层密檐实心砖塔。第一层的塔身比较高大，八面均有门窗，每个门的两侧分别雕有一窗。窗的形式为拱券式假窗，窗框上刻有生动的蟠龙图案，并浮雕普贤菩

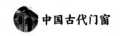

萨的坐骑大象和文殊菩萨的坐骑狮子。中间的两扇窗上雕刻着球形纹样图案，而且其他的装饰物也十分形象，看起来就像真窗一样。

第三节　园林的窗

我国的园林建筑有着悠久的历史，它独特的艺术风格，使其在世界园林艺术中占据崇高的地位。我国古代园林从总体上而言，有皇家园林、私家园林、自然山水园林和寺庙园林等类型，其中皇家园林和私家园林占主要地位，这一节要介绍的就是皇家园林和私家园林中建筑的窗子。

一、皇家园林

皇家园林也称为"宫苑""园囿"，是封建帝王的离宫，主要供帝王休息、游玩或者处理政务之用。皇家园林占地面积广阔，可达数千亩，一般建造在京郊地带或其他空旷处，建筑华丽，气势壮观，重视园林的整体构图与开阔的景观。皇家园林的历史十分悠久，自秦汉以来，几乎每个朝代都建有皇家园林，但是迄今保存比较完整的只有清代的北京颐和园和河北承德避暑山庄这两座了。我们来详细了解一下这两座园林的窗式。

1. 颐和园

颐和园坐落在北京市西北郊，是一座以万寿山、昆明湖为主体的大型皇家园林。它继承了历代皇家园林的成就，并吸收了各地私家园林的精华，显示了我国传统造园艺术的特色。

颐和园规模宏大，园内有众多殿、堂、楼、阁、亭、榭、廊等建筑。这些建筑物的门，一般采用格扇，上部格心用木棂拼成各种图案，常见的纹样有灯笼锦、步步锦，此外还有冰裂纹、万字纹、亚字纹、回纹、钱纹、盘长、竹枝等，格心上糊纱或纸。窗大致有槛窗、支摘窗、横风窗、什锦窗四类。槛窗的格心往往采用菱花纹样、平棂图案装饰，与格

扇配套使用。横风窗用于比较雄伟的殿堂建筑上，格心图案常常与下部的格扇、槛窗保持一致。

颐和园中游廊的墙壁上，基本都开设什锦窗，主要起装饰和漏景的作用。窗框的样式丰富多彩，有方形、扇形、桃形、花瓶形等，为颐和园增添了不少色彩。

2.承德避暑山庄

避暑山庄又叫"承德离宫""热河行宫"，坐落在河北省承德市中心北部，是我国现存最大的古典皇家园林。它始建于1703年，历经康熙、雍正、乾隆三朝建成。山庄内各种风格的园林建筑达一百三十多处，建筑物的窗户形式与装饰也多种多样，带着浓郁的皇家园林建筑色彩。在这里，康熙皇帝及乾隆皇帝分别定名的三十六景，构成了一处处园中有园、景中有景的优美景点。

烟波致爽殿是康熙三十六景中的第一景，是皇帝在山庄中的寝宫。它面阔-七开间，除了中部的槛门外，其他六间均使用槛窗。由于整个殿堂体量比较高大，所以将所有窗框按照十字形式分为四个正方形的小窗。槛窗的上部横向分成两个部分，形式类似横披窗，窗扇不能开启。中部的窗棂格图案，采用以横向为主、纵向为辅的平棂相互交叉形成的纹样做装饰，看起来简单而大方。槛窗的下部横向分成四个部分，边侧的两扇不能打

开，中间的两扇是可以开启的窗子，窗棂上镶有玻璃，除此之外不做装饰。这种形式的窗子，夏季的时候可以打开，起到通风透气的作用，冬季的时候可以关闭，起到保暖的作用。这种槛窗，很少用于一般的建筑物，它的设计样式，是形式与功能完美结合的典范。

四知书屋是一座面阔五间的大殿，是皇帝举行大典前后休息更衣的地方，也是皇帝平时处理政务、接见重臣贵宾以及读书的场所。四知书屋的外檐装修是下砌槛墙、上设支摘窗。支摘窗下部的窗框内安装玻璃，人们在室内通过玻璃就能看到外面的景观。上部的支窗，内层糊有白纸，外部窗棂的格心部分用步步锦纹样做装饰。夏季的时候将窗子支起，可以起到通风透气的作用。在避暑山庄内有不少建筑的外檐装修方式和四知书屋类似，也采用的是，比如乾隆三十六景中的第六景——绮望楼，不同的是，绮望楼的支摘窗下部采用周边有装饰包围，内部为玻璃的装饰方式。

烟雨楼是仿照浙江省嘉兴南湖烟雨楼而建的，其名称取自唐代诗人杜牧的名句"南朝四百八十寺，多少楼台烟雨中"。烟雨楼面阔五间，进深两间，分为上下两层，外檐装修一律采用槛窗。槛窗的类型为三抹槛窗，整个窗棂格都饰有花形纹样装饰，内部安玻璃。槛窗上部是一排横披窗，排列整齐，为墙壁增添了美感。

二、私家园林

私家园林就是附属在住宅中的园林，它为一家一户所私用，所以称为私家园林。目前留存下来的主要是明清时期的私家园林，它们多数分布在江南地区的苏州、扬州、无锡和杭州一带。私家园林一般面积不大，通常为几亩、十多亩，多者也才几十亩，追求平和、宁静的气氛，建筑不求华丽，环境色彩讲究清淡雅致，重在创造一种远离喧嚣的世外桃源般的境界。因此，私家园林的布置十分灵活，在园景的安排上，善于在有限的空间内做较大的变化，巧妙地组成变化万端的景区和游览路线。而为了使人们更自由地观赏美景，私家园林的厅廊上多采用空窗、漏窗、花窗等窗式。

下面以苏州园林为例，来分析中国古代私家园林的窗式。

苏州园林是我国最有代表性的私家园林。它有宅园、山麓园和湖园等几种形式，其中宅园最为常见。苏州园林的营造包括园林设计的艺术构思和施工筑造两个内容，内部建筑也是具有审美功能的精神性产品，包含着丰富的情感因素，反映了深厚的人文底蕴。园林中的建筑善于利用洞门、空窗、漏窗、空廊、格扇等，形成隔而不断、丰富多彩的园林空间序列。而且门洞、花窗的图案对环境起着烘托作用，营造出优美的艺术境界和古雅的韵味。

苏州留园的五峰仙馆，是留园内规模最大的建筑。这里建有外廊，前檐的明间和次间安装二十扇长窗，稍间为白粉墙，墙上设砖框花窗，虚实的对比以及色彩的变化，使厅堂减少了沉闷感。五峰仙馆的后檐明间安装长窗，次间安装半窗，稍间为粉墙上开设花窗。前后檐的窗格采用相同的纹样，显得既统一又协调。苏州园林中的厅院众多，大致有四面厅、荷花厅、鸳鸯厅、花篮厅等样式。留园中的林泉耆硕之馆是一座面阔五间的鸳鸯厅，周围设有外廊，前后檐均在明间安装长窗。长窗共有六扇，棂格用横木分为等同的三部分，每部分都刻满万川乱纹，相空处适当点缀小花结。裙板上主要刻花卉、八仙、琴棋书画等纹样装饰。东西次间和稍间安装地坪窗。馆两侧山墙上设砖框花窗，每面墙上有两窗，南面两窗只做简单分隔，北面两窗格心的花形与长窗类似。各窗间选用不同的形状，相同的图案纹样，使整座建筑显得和谐统一。

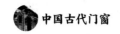

苏州拙政园的玉兰堂，是一座坐北朝南的高大厅堂。面阔三间，前后有廊。廊子东西两面的墙壁上有洞门与走廊相通，柱间设长窗，共有十八扇，棂格采用万川纹装饰，裙板上不做雕饰。后檐在明间设置长窗，次间设置半窗，纹样同前檐一致，堂前庭院建有花台，花多数为白玉兰，此外还有天竹、翠竹等植物。环境清幽，适合读书作画。

名为轩、馆、斋、室的房屋一般也属于厅堂类，它们通常位于园中的次要位置，用来做书房、画馆、琴室等。这些建筑往往在两面开设可以开启的窗子，有的窗子没有实用价值，只起到装饰功能。一般的轩都是前檐带廊，廊后设长窗，次间安装半窗或地坪窗，山墙上开半窗或砖框花窗，窗子的设置往往与景观相适应，像苏州留园的闻木樨香轩、揖峰轩，网师园的小山丛桂轩、看松读画轩，都用这样的窗做装饰，每扇窗都有一幅画面，可以看到不同的风景。

在园林中，廊主要被用来划分庭院空间。廊的装修十分简单，通常是在墙面设空窗和漏窗。苏州留园的古木交柯厅前廊墙上设有漏窗，窗的纹样有海棠花、藤茎如意、盘头万字、八角海棠等。此外，在园林中的一些游廊转角和小墙上也设有漏窗。苏州狮子林游廊转角墙上的漏窗，以其优美的构图和恰当的比例同粉墙、芭蕉、翠竹一起组成了富有特色的点缀艺术品。

知识链接

砖框花窗

在江南私家园林中，常常可以看到一种形式类似风窗的窗子——砖框花窗。这是一种墙上独立开洞的窗式，以磨砖嵌窗口，内用木格，上面糊纱或纸，嵌以云母片、贝壳片。花边空心是砖框花窗最常见的一种棂格形式，它也常常用于园林建筑的其他窗类。砖框花窗的形态以矩形为主，也有六角、八角、圆月等样式。从苏州狮子林立雪堂砖框花窗可见其风韵。

第四节 住宅的窗

我国地域辽阔、民族众多，各地地理环境的差异，居住民族和生活习俗的不同，使各地域的人们创造和兴建了一批各具特色的住宅，比如山西和陕西以窑洞为主，福建以土楼为代表，西藏以石碉房闻名，云南则以干栏楼著称。住宅风格的差异，使窗的式样也情趣大异。这一节就主要来论述不同地区住宅窗户的类型及风格。

一、北京四合院的窗

北京位于华北平原北部，属于温带季风气候，四季分明，日照时间长。虽然北京冬季不像东北那样寒冷，夏季不如南方那般炎热，但是冬天零下十几度的低温也算得上寒风刺骨，夏日三十几度的高温也称得上烈日炎炎。为了适应当地的气候条件，北京人选择筑造庭院式的四合院。北京地区冬天日照角度很大，庭院式的布局形成的外墙是对外封闭，而院内的门窗则一律朝向内空间。这种设计不仅可以阻挡胡同刮起的沙尘，而且保证院内的房屋不会相互遮挡，加上大屋顶、厚砖墙，使得整个宅院能够冬暖夏凉，人们处于这样的环境中随时可以感到阳光的温暖，心情自然会愉悦不少。在老北京的四合院中主要靠窗户来采光。老北京建筑上的窗子主要采用木质的框架结构，中间用木棂条分隔出若干花格，凸显出窗户造型的平面轮廓。在不影响使用功能的前提下增加一些装饰线角，雕饰常常分布在辅助构件上。为了适应北京的天气条件，四合院中广泛使用支摘窗。这种窗户一般开设在朝向院落的各间房屋的外间，它分为上下两段，每段又分为固定的和可以拆卸的两层。固定的部分叫作"纱屉"，也就是在窗棂格上糊上一种名为"冷布"的土织纱布；可以拆卸的部分是木质的小方格窗，上糊东昌纸。这种纸也叫作高丽纸，纸

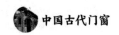

质同生宣纸类似，只不过厚度更大些，质地也比较粗糙，但是它的透光性良好，具有韧性，且价格比较便宜。支摘窗上段的外层支起来以后，里层便是糊冷布的窗棂纱屉，许多人家还要在里面用高丽纸和高粱秆做成卷帘，有风沙的时候将卷帘放下，无风的时候则将卷帘卷起。下段里层糊高丽纸的窗户在玻璃流行以后，多数改成了玻璃窗，外层做成护窗板，白天将板摘下增加室内的亮度，晚上将板安上增加室内的安全感，在寒冷的冬天护窗板还能起到防风保暖的作用。四合院中除了普遍应用支摘窗外，还常常使用槛窗和什锦窗。

二、山西民居的窗

山西民居是我国传统民居建筑的一个重要流派。山西民居的窗子具有鲜明的地方特点。首先，窗子不大，除了部分厢房暴露柱子并设置柱间大窗外，大部分窗洞面积不大。其次，窗户凹进墙内，窗扇同墙的内侧齐平，或者位于墙体中央。这样，从院内看去，窗户嵌在墙内，并显示了墙的厚实与坚固。另外，窗洞周围一般都做装饰，装饰的方法大概有以下几种。一种是砖雕装饰，即在窗洞的立面上沿窗洞一圈饰以砖雕或水磨砖，使窗户周围具有凹凸变化。一种是木板装饰，就是把窗洞周边及立面沿窗洞一圈用木板围护起来，并涂上黑色等油漆。还有一种砌法的变化，因为山西民居采用的是清水砖墙，所以砖缝本身也可以成为一种装饰，将窗洞上下部分的砖，或上部和左右两侧的砖，或窗洞四周的砖在摆砌的方法上稍作变动，就成为一种最简单的装饰。

山西民居的窗户造型十分丰富，常见的有圆形窗、圆拱窗和方窗。

1. 圆形窗

圆形窗在其他地区主要用于漏明墙，很少在房屋上使用。山西民居的圆形窗在使用上比较灵活，每个楼层都可以用，正立面和侧立面也都可以用。圆形窗的面积通常比较小，窗洞周边有砖雕做的凹凸装饰。圆形窗的窗扇不能开启，窗扇的一圈有很宽的窗框，窗棂格的形式十分丰富，有环环相套突出圆形韵律感的图案，有以圆心为中点向外呈放射状的图案，还有回纹、拐子龙等图案。

2.圆拱窗

在中国古代，拱券技术最晚在汉代时就已经出现了，但并没有在建筑中得到广泛应用，直到明代以后才普遍用在城门上。我国传统民居大部分用的是木构架，门窗也做木装修，因此很少使用拱门和拱窗。而山西民居大量使用砖墙，很少暴露木构架，所以拱门和拱窗用得较多，这也是当地民居的一个主要特征。

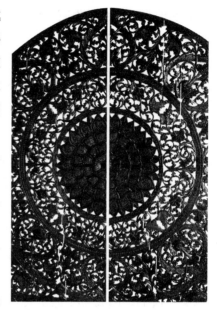

圆拱窗由上下两部分组成，上部为半圆形，下部为方形或矩形。

下部做法具有典型的地方特点。与格窗的窗扇是从槛墙以上开启不同，山西民居的平推窗下部是固定的窗扇，无法向外开启。这样，窗台上面便可放置东西，而且风也不会吹动窗前书桌上的东西。窗扇只有上半部分可以打开。也有设双层窗的，里面是糊纸的窗扇，外面是纱窗。

拱窗上部的做法比较丰富。一种是在半圆的中心开一个小圆窗，圆窗主要使用木雕图案的棂格，周围半圆形的部分为木板，这样，小圆窗棂格的密和周围木板的疏便形成对比，看上去极为精妙。另一种是半圆部分为木雕的窗棂格，图案繁复，雕琢精细，并髹饰金粉，涂以油漆，令人赏心悦目。还有一种是汉字或几何图案，图案的排布一般是斜的，或者以竖向为主，或者以横向为主，显得既和谐又整齐。最后一种是圆拱部分为一平的木板或薄的砖墙，不做装饰，平淡素净，和下部窗扇形成疏与密、静与动的对比。不过这种处理多用于拱窗，而不在拱门上使用，因为山西民居的门多为板门，门关闭以后，门扇不能透光透气，而圆拱窗上部的拱形小窗可以作为气窗使用。

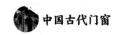
3. 方窗

方窗常常在厢房中使用。里五外三穿心坊院是山西民居典型的院落形式，它的主要特点是里院东西各五间厢房，外院东西各三间厢房，东西厢房距离极近，厢房遮蔽正房正立面的两侧，形成南北长、东西窄的院落格局。这样，在院子里只能完整地看到正房中间的一个开间。假如是楼房，那么中间一间二楼的窗子便是人们重要关注的对象，需要精心设计。而两边的厢房因为院落过窄，无法在正常视距下欣赏其正立面，所以窗子比较简单。

方窗的形式多样，且具有地方风格。第一种是柱间窗。这是厢房正立面暴露木构架，在两根柱子之间设置的大的方窗。柱间窗一般为田字形，上面的两个方格棂格较密，下面的两个方格棂格较疏，后来普遍安装玻璃，以保证窗桌的采光。第二种是门上的亮窗。因为门为板门，关闭后不能透光，所以在门上设亮窗是很有必要的。山西民居的厢房往往为单层，有时候建造得比较高，所以门窗连在一起成为窄窄的一条，自地面至檐下，形成4∶1甚至更小的比例，窄瘦便是一个显著的特点。第三种是墙窗，即在砖墙上开设窗洞形成的窗子。墙窗又可以分为两种：一种是不能开启的固定窗。这种窗在设置时以窗框本身为一单元，布局方式自由灵活。固定窗的形式多样，常见的有矩形、八角形，也有四角各做一个缺口，形成云形的拐角。另一种是开启窗。开启窗在厢房上使用时，上边框与额枋相接，檐下的木构件暴露出来，因此窗往往做成左、右、下方被砖墙包围，上方敞口的形式。开启窗不像格窗那样窗扇上下贯通，可以整个开启，它的下部是不能开启的，只有上部可以开启。窗扇为推窗的形式，由左、中、右三部分构成，左、右部分均为上下贯通的固定窗，中间部分分为上、下两段，上面为两扇平推窗，下面不能开启。假如窗的上框紧接额枋，而额枋又比较高时，窗户就会显得过高，这时候，人们就会在窗户的上部横向分割出来一部分，设置板芯，形式类似绦环板。

总之，山西民居的窗子注重砖与木的对比，在颜色上喜用黑色和绿色，这与青灰色的砖墙也比较融合，显得和谐一致。木雕的窗格图案有一种青铜器饕餮纹的特征，蹙金结绣，密丽繁缛。

三、窑洞窗

窑洞窗即窑洞上的组合式窗，主要分布在黄土高原一带，多见于山西省和陕北省。窑洞窗一般设在窑洞开口的一面，形式主要有窗洞、格扇窗、气窗等，窗棂以方格为主，辅以万字、井口、柿蒂等纹样。

窑洞民居中窗子比较好的要数陕北窑洞，为了尽可能多地获取通风采光面积，陕北窑洞往往用木棂格门窗遮挡窑洞口。分隔的方法通常是将拱起的半圆部分单独分隔，形成上部为半圆形，下部为方形的形式。半圆形部分窗棂格的处理方式比较灵活，有以圆心为中心向外放射，然后加以变化；也有和下面的方形部分相呼应，先竖向用两根主窗棂将平面分为三部分，然后在各部分设计不同的窗棂格。方形部分下面又横向分割成三份，一份为门，两份为窗。门可以开在中央，也可以开在边侧。窗的下部分设

窗下墙。窑洞民居中窗子设计最好的是山西平遥古民居。山西省平遥市是晋商的发源地之一，明清时期，这里有许多商人外出做生意，经营"票号"（现代银行前身），发财之后回乡筑宅，因此平遥的民居建筑大多十分考究。平遥窑洞民居中等级最高的是独立式窑洞，这种窑洞比靠崖窑用砖要多，造价也高，因而多数居民的厢房不建窑洞，不过有的人家连两边的厢房也是窑洞。

平遥窑洞民居门窗的常见形式，是在洞口圆拱以上二分之一的

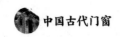

位置设置一根横木，把门窗隔开。横木通常分为左、中、右三段，中间为气窗。横木以下的分隔形式也比较固定，设四扇格门或四扇格窗，格门和格窗边侧的两扇都是固定的，只有中间两扇可以开启。在此基础上，门窗再做变化。

门的变化，是在中间两扇格门的外侧增设风门。因为格门比较高大，所以风门上面开设一亮窗，类似横披窗的形式。亮窗下设一道小的单扇门，门的上侧、左右两面分别设窄的窗户。这样，小的风门便于开启，冬季时可以防止寒风吹入。

平遥民居的窑洞一般是三开间，也有个别做成五开间的，所以，平遥窑洞民居中有专门的窗洞设置。平遥窑洞民居的窗户布局同门大致相同，上部的半圆形也是分为三个部分，而且窗格纹样基本与门相同。下部的窗子主要是四扇格窗，有趣的是，门是在中间两扇的外侧加设风门，窗是在中间两扇的里侧加设纱窗。外面的四扇格窗，窗棂格的花纹繁密，糊上窗纸后，透光度大大降低，因而白天的时候，人们就开启中间的两扇格窗，格扇的里侧是两扇纱窗，纱窗的窗棂格比较大，中央通常留有大的窗洞，如今人们都在纱窗上安装玻璃，而外面的四扇格窗依旧糊纸。白天在窗前的桌边可以看书写字，晚上的时候关上格扇窗就相当于拉上了窗帘，室外的人无法看到窑洞内部人的活动，确保了室内的私密性。

四、福建土楼的窗

福建土楼是世界上独一无二的民居形式，它主要有方形土楼、圆形土楼和五凤楼三种类型。福建土楼的防御性能在我国传统民居中尤为突出，所以窗户的形式必须同防御性能相配合。

福建土楼的外圈由河卵石墙基和夯土墙围合，出于防御需要，外观十分封闭，门窗洞口全部呈现为最小状态。一般来说，一座土楼只开一座大门，即使大型土楼也仅有一座正门和两座边门。土楼的底层作为厨房使用，二层为谷仓，都不设窗，三层以上才开设小窗。窗户除了用来通风采光，还作为射击孔使用。位于漳州市华安县仙都镇大地村的二宜楼，由四层的外环楼和单层的内环楼组成，外环楼一至三层均不设窗，仅在第四层的外墙上开了小窗，窗洞开口内大外小，类似喇叭，窗洞下的墙体进行了减薄处理，方便贴近窗口对外射击。

福建土楼第三层以上作为卧房使用。刚刚筑好的土楼常有许多空置的卧房，这些房间先不对外开窗，当家里人口增加，需要使用空置的卧室时，再去开凿窗洞。在窗洞周围粉刷白灰窗框。不同时间段开设的窗洞大小和高低都不相同，窗框的宽窄也不一致，形成布局灵活又协调一致、统一而富含变化的立面构图，完全打破了常规建筑整齐对位的开窗形式。

龙岩市高陂镇上洋村的遗经楼，是一座著名的方形土楼，五层楼的外墙上每层都开窗，窗洞的大小由顶层到底层递减，底层厨房的窗洞宽度不到20厘米，中间还加一根竖棂。整座土楼宛如一座宏伟坚固的城堡。

福建土楼外墙窗洞口很小，窗扇极其简单。一般只在窗洞下面设置栏杆，有的加设内开的木板窗扇。"隐通廊"的洞口及底层的小洞口均不安装窗扇，以方便对外射击。

福建土楼朝向内院的窗户完全不同于外围土墙上的小窗洞。土楼卧室开向内院的窗户主要采用直棂窗形式。

龙岩市适中镇的方形土楼，内走廊一律使用直棂窗。高陂镇的遗经楼，内廊直棂窗的中心还设有一个圆窗洞，不仅丰富了立面，而且起到取景的作用。

客家方形土楼和圆形土楼的内通廊则不使用直棂窗，对内院开敞。卧室全部朝通廊开窗，窗户往往设计为直棂推拉形式，又称"益叶窗"。其外层直棂窗扇固定不动，内层直棂窗扇可以自由推拉，开启时一半的窗口面积可以通风采光，关闭后完全与外界隔绝，确保了室内的私密性。

推拉窗可以随意调节窗扇开启面积的大小，简单而实用，是福建土楼中使用最多的窗式。

客家土楼的底层厨房对内院开敞。每个开间的柱间，除了厨房门以外，窗台以上部分都要开窗。窗的上部采用直棂窗，不安窗扇，有利于烟气的排放，也很好地解决了采光问题。窗的下部是橱柜，类似现在的"冰箱"，用来存放食品。橱柜外侧为直棂推拉的"鲨叶窗"，内侧为推拉实心板门。在炎炎夏季，打开内外侧的板门、窗扇，柜内即可通风降温。在凉爽的季节，关闭内侧板门，打开外侧直棂窗，柜内的温度接近室外，比置于室内橱柜的温度要低得多，适于食物冷藏。

福建土楼的外观封闭，犹如一座座易守难攻的城堡，其内院则是亲切宜人、适合生活的居住空间。客家土楼内院的中心为祖堂，是祭祖的场所，同时也用来做私塾。祖堂是土楼的核心，是人们进行装饰的重要部位。其门窗漏花雕饰与闽南民居类似，图案丰富，色彩鲜艳。比如南靖县怀远楼祖堂两侧的落地格扇及厢房的窗户上都有精美的漏花雕饰。此外，龙岩市永康楼、平和县绳武楼的漏花雕饰也很有名。

五、蒙古包的窗

蒙古包作为一种民居形式，至少已有两千多年的历史。在元代以前，连蒙古族的王公贵族都是住在蒙古包里。元代以后，受到汉文化影响，蒙古族的王公府邸变成了传统的木结构建筑，不过普通蒙古族人民的住宅依旧是蒙古包。

"包"在满语中是"家""屋"的意思，蒙古族居住的毡帐，满语习惯称为"蒙古包"。清嘉庆年间撰修的志书《黑龙江外纪》记载："穹庐，国语（满语）曰'蒙古博'，俗读'博'为'包'……"今天，我国西北部的蒙古族、哈萨克族等少数民族居住的帐篷，就属于这种毡帐。古代文献中将毡帐称为"穹庐""旃帐"，如北齐《敕勒歌》中描述："天似穹庐，笼盖四野。"马致远《汉宫秋》中描述："毡帐秋风迷宿草，穹庐夜月听悲笳。"

当时我国北方的少数民族都把毡帐作为民居，蒙古包在相当大的程度上保留了古代毡帐的主要特征。而蒙古包的窗户，在很多地方同古代北方人的居住和生活习惯有联系。

从剖面上观察，蒙古包有一个近似半球形的穹顶，这种形式从结构力学角度来说以较少的材料取得了较大的承重性，同时以最少的表面积获得了最大的空间。蒙古包的顶部只有很薄很细的龙骨支撑覆在顶部的几层毛毡。这就要求蒙古包开窗的时候不能够破坏其承重结构，因此窗子便设在了蒙古包的顶部，相当于天窗。

蒙古包的天窗叫作陶脑，由两个半圆组成。其结构是，四圈铁环穿过八根木料，木料均朝向圆心，但是仅有两根或四根木料通到圆心，剩下的六根或四根木料只有从最外面一圈铁环到最里面一圈铁环的长度，并不通到圆心。最外面一圈的铁环上套着若干根形似伞骨的乌尼，乌尼和小木块相间交替安装，乌尼只穿过最外面一圈铁环，方便开启，而小木块穿过最外面的两圈铁环，这样小木块就会被固定住，不会随意晃动。

乌尼撑开以后就是毡包一圈的墙体——哈那，这是一种可以伸缩的网状支架。一般情况下哈那是开启的，当需要拆卸蒙古包，转移牧场运输时，就将哈那缩小，以便运输。

蒙古包顶部的天窗（陶脑），白天用来采光，若是主人在帐内烧火做饭，通常门也是打开的，侧面的门和顶部的窗形成一个空气回流路线。晚

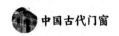

上的时候，将门关闭，此时天窗便起到通风透气的作用。

　　蒙古包的天窗是整个毡包构架不可缺少的一部分，而且通风、采光性能优越，一年四季都方便使用，是最适合蒙古包的窗户形式。只要蒙古包的结构不变，这种窗户就不会改变。

藏式窗

　　藏式窗即藏族传统民居碉房的窗子。碉房是一种封闭性、防御性较强的建筑，窗户往往较小，上部有挑出的窗檐，檐下一般悬挂窗帘，以适应青藏高原的恶劣气候。窗框外有黑色或白色的窗套，一般为梯形构图，色彩鲜艳，装饰华丽，同碉房的整体造型相协调。

参考文献

［1］覃力.说门［M］.济南：山东画报出版社，2004.

［2］刘枫.门当户对：中国建筑·门窗［M］.沈阳：辽宁人民出版社，2006.

［3］庄裕光.中国门窗·门卷［M］.南昌：江西美术出版社，2009.

［4］楼庆西.户牖之美［M］.上海：三联书店，2004.

［5］吴裕成.中国门文化［M］.天津：天津人民出版社，2004.

［6］王其钧.古雅门户［M］.重庆：重庆出版社，2007.

［7］孙亚峰.中国传统民居门饰艺术［M］.沈阳：辽宁美术出版社，2015.

［8］宿巍.牌坊［M］.长春：吉林文史出版社，2010.

［9］刘雅.中国古代经典建筑10讲［M］.北京：中国三峡出版社，2006.

［10］蓝先琳.门［M］.天津：天津大学出版社，2008.

［11］朱广宇.手绘传统建筑装饰与瑞兽造型［M］.天津：天津大学出版社，
　　　2012.

［12］眭谦.四面围合：中国建筑·院落［M］.沈阳：辽宁人民出版社，2006.

［13］庄裕光.中国门窗·窗卷［M］.南昌：江西美术出版社，2009.

［14］蓝先琳.窗［M］.天津：天津大学出版社，2008.

［15］王其钧.心舒窗牖［M］.重庆：重庆出版社，2007.

［16］楼庆西.户牖之艺［M］.北京：清华大学出版社，2011.

［17］田健.窗［M］.北京：中国建筑工业出版社，2013.

［18］黄汉民.门窗艺术（下册）［M］.北京：中国建筑工业出版社，2010.

图片授权

中华图片库
林静文化摄影部

敬　启

本书图片的编选，参阅了一些网站和公共图库。由于联系上的困难，我们与部分入选图片的作者未能取得联系，谨致深深的歉意。敬请图片原作者见到本书后，及时与我们联系，以便我们按国家有关规定支付稿酬并赠送样书。

联系邮箱：932389463@qq.com

中国传统民俗文化丛书

一、古代人物系列（13本）

1. 中国古代乞丐

2. 中国古代道士

3. 中国古代名帝

4. 中国古代名将

5. 中国古代名相

6. 中国古代文人

7. 中国古代高僧

8. 中国古代太监

9. 中国古代侠士

10. 中国古代幕僚

11. 中国古代皇后

12. 中国古代士人

13. 中国古代华侨

二、古代民俗系列（11本）

1. 中国古代民俗

2. 中国古代玩具

3. 中国古代服饰

4. 中国古代丧葬

5. 中国古代节日

6. 中国古代面具

7. 中国古代祭祀

8. 中国古代剪纸

9. 中国古代鞋帽

10. 中国古代生肖文化

11. 中国古代门窗

8. 中国古代兵器

9. 中国古代纺织与印染

10. 中国古代农具

11. 中国古代园艺

12. 中国古代天文历法

13. 中国古代印刷

14. 中国古代地理

15. 中国古代地方志

16. 中国古代天文历法与二十四节气

六、古代政治经济制度系列（18本）

1. 中国古代经济

2. 中国古代科举

3. 中国古代邮驿

4. 中国古代赋税

5. 中国古代关隘

6. 中国古代交通

7. 中国古代商号

8. 中国古代官制

9. 中国古代航海

10. 中国古代贸易

11. 中国古代军队

12. 中国古代法律

13. 中国古代战争

14. 中国古代衙门

15. 中国古代外交

16. 中国古代盐文化

17. 中国古代河流

18. 中国古代车马

七、古代文化系列（28本）

1. 中国古代婚姻

2. 中国古代武术

3. 中国古代城市

4. 中国古代教育

5. 中国古代家训

6. 中国古代书院

7. 中国古代典籍

8. 中国古代石窟

9. 中国古代战场

10. 中国古代礼仪

11. 中国古村落